写给恋爱的你

乐嘉性格色彩

天津出版传媒集团

天津人民出版社

乐嘉

著

图书在版编目（CIP）数据

乐嘉性格色彩·写给恋爱的你 / 乐嘉著 . — 天津：
天津人民出版社 , 2018.9（2018.11 重印）
ISBN 978-7-201-13848-0

Ⅰ . ①乐… Ⅱ . ①乐… Ⅲ . ①性格—通俗读物 Ⅳ .
① B848.6-49

中国版本图书馆 CIP 数据核字（2018）第 174449 号

乐嘉性格色彩·写给恋爱的你
LEJIA XINGGE SECAI·XIEGEI LIANAI DE NI
乐　嘉　著

出　　　版	天津人民出版社
出 版 人	黄　沛
地　　　址	天津市和平区西康路 35 号康岳大厦
邮政编码	300051
邮购电话	（022）23332469
网　　　址	http://www.tjrmcbs.com
电子信箱	tjrmcbs@126.com

出 品 人	柯利明　吴　铭
总 策 划	张应娜
责任编辑	玮丽斯
出版监制	王　静
特约策划	郭亚维
营销编辑	袁㛃㛃
版式设计	风　筝　张志浩
封面设计	Topic Design
插　　　画	乌小鱼

制版印刷	大厂回族自治县德诚印务有限公司
经　　　销	新华书店
开　　　本	710×1000 毫米　1/16
印　　　张	21
字　　　数	200 千字
版次印次	2018 年 9 月第 1 版　2018 年 11 月第 2 次印刷
定　　　价	49.80 元

目 录

Contents

1

Chapter

不同性格的
情感画像

>>>

2

Chapter

不同性格的
婚恋观

>>>

3

Chapter

和不同性格
恋爱须知

>>>

分手

4

Chapter

和不同
性格伴侣的
相处秘诀

>>>

乐嘉性格色彩
写 给 恋 爱 的 你

序

就这样，小雀斑用我的这本书搞定了我

2010 年，我参与了一档无人不知、无人不晓、史无前例的现象级相亲节目《非诚勿扰》后，在很长一段时间里，一直被人贴上"情感专家"的标签，这搞得我苦恼不堪。

其中一个原因，我过去讲过，作为性格色彩学的创始人，我很清楚性格色彩学是一个全方位的通用利器，想我一个堂堂正正做企业培训出身、与商业精英打交道的传道者，如果仅仅"沦落"为一介"情感专家"，岂非坏了性格色彩的博大精深，被天下人耻笑？

还有一个原因，我一直没提。事实上，我内心一直觉得"情感专家"的含金量不高，这个名头谁要，谁赶紧拿走。对于情感，人人都有自己的理解，很多人觉得自己在情海中跌宕浮沉过几回，就是专家。情感一事，只有自己体验之说，岂有专家指导之理。这就像，商业财经界年赚一亿的，愿听年赚十亿的分享，年赚十亿的，愿听百亿

的分享，骨子里，他们鄙视比自己体量小的生意人叨叨自己的厉害。彼此心照不宣的游戏规则是，以财富论英雄，谁赚钱多，谁就能力强，就向谁学习；可在恋爱一事上，一个谈了十次恋爱的人，未必愿听一个谈了百次恋爱的人吹嘘他的情史，倒是可能会好奇一个一辈子就只谈过一次恋爱的人是何等的怪物。

所以，说某某是"情感专家"，我总觉得像骂人。须知，在中国社会，除了最开放的唐朝，几乎每朝每代都在倡导贞节牌坊，从一而终，忠贞不渝，寡而不嫁。现代人，虽不像古人的命那么苦，但如果人们说这人谈过很多次恋爱，也断然算不得什么好话。这样你也就明白了，《非诚勿扰》上来的男孩女孩好乖，问他们谈了几次恋爱，给出答案时个个敛容屏气，几乎人人都是三四次，说自己五次以上的都会羞愧难当。难得有不怕死的，说小的我谈过二十多个，瞬间，全场灭灯，第二天还免不了被媒体耻笑，如此滥情之渣男，焉为有不死之理。所以，"专家"二字，总是让人联想到情感经验很多，否则怎会被称为"专家"？这种"专家"，就像股评分析"专家"，很多自己是穷光蛋，不要也罢。

虽然我对"情感专家"这个头衔避之唯恐不及，但作为一个的确有过多次恋爱经验的男人，在爱情中，我享受过琴瑟调和、比翼连枝，也经历过黯然销魂、撕心裂肺。在我意识到性格的规律是那样顽强有力地影响着我的每一次恋爱之前，我看了太多专家的书，但让我痛苦的是，每当我看完一百个情感答疑，觉得每个回答都好有道理后，会有两百个新的问题开始包围并且折磨我。

谢天谢地！感谢这些年来性格色彩的研究和传播，我在各地开办性格色彩研讨会以后，有幸进入成千上万的人们的内心深处，聆听了很多匪夷所思的故事，在帮助人们解决问题的同时，我越来越确信一个真理——无论你遭遇什么问题，皆有性格规律在背后影响。很多时候，你只是中了性格的魔咒，你不知道怎样进入那个你喜欢的人的内心，你不知道自己为什么总在同一个坑里栽跟头，你不知道自己为什么总是会喜欢上同一种类型的人，你逃脱不了自己性格的桎梏，你被自己的性格所绑架，你有心改变，却无力回天。

如果你早就是性格色彩的读者，这本书会让你很过瘾，因为这是我第一次这么系统地向人们讲述在恋爱这件事上，不同性格的男男女女在每个阶段的心理反应、常见的错误应对和应该采取的正确策略，你只需按图索骥，对症下药即可。

如果你是第一次接触性格色彩，请先做完三分钟的性格色彩卡牌测试，知道了自己的性格色彩，你可以立即从目录中选取你关心的问题，直接找到答案。这本书，在恋前阶段，分析了怎么看人、怎么读人、怎么网恋、怎么相亲、怎么应对父母逼婚；在恋中阶段，分析了怎么破除暗恋、怎么追求、怎么选择最合适的人、怎么表白、怎么拒绝、怎么面对异地恋、怎么解决对方念念不忘前任、怎么让孩子接纳恋情；在分手阶段，分析了怎么分手、怎么复合、怎么走出痛苦。在最后一章，还透露了性格色彩学不传之秘，如何搞定不同性格的伴侣，每种性格各有八大玄机，这三十二式乃我毕生功力之精华，都是宝贝，自去领取。

这本书，原本我希望起名叫《性格色彩恋爱宝典》，原因有五：

其一，性格色彩随笔，可以有感而发，借字抒情，从中美贸易战谈特朗普的性格，到小崔的什么性格支撑他单枪匹马挑江湖，海阔天空，指东话西，反正，天下诸人，所做诸事，莫不与性格色彩相关，你想看这样的书，可以去看《人之初，性本色：乐嘉性格色彩笔记》和《色界》。

可这本书不同，从一开始，本书就把全部弹药都瞄准在了性格色彩学的恋爱应用上，定位清晰，可以说是性格色彩学在恋爱领域的集大成者，和爱情无关的话题只字不提。这本书，专业范儿。

其二，一本书但凡文学性强，文艺范儿足，在写作手法上可天马行空，恣意挥洒，譬如，当年我奋笔疾书写下的那本《淡淡》。

可这书不行，因为本书要给读者的是功能性知识，"实用"两字，必须放在首位，所以，在内容设计上，它是体系化的，从头到尾，按序推进。看看目录你便知，从一个人准备恋爱，热恋进行，直到分手或步入婚姻，每个阶段，每个节点，所有人可能遇到的问题几乎都有涉猎。这本书，字典范儿。

其三，每篇文章的结构，不能这篇小说，那篇杂文，过一会儿，再来篇诗歌，要很有规律。

本书中的每个主题，基本结构都一样，从提出恋爱中的困惑，到分析不同性格对问题的反应和动机，以及在这个问题上，该怎么搞定不同性格，或不同性格该怎么办，用的是典型的三段论结构，提出问题——分析问题——解决问题。这本书，学术范儿。

其四，多年以来，在性格色彩著作上，我奉行的写作原则只有一个，就是——让读者在书中看到自己。任何人都逃脱不了性格规律，只要你是这种性格，本书中对应的每个案例，就像是为你度身定制的，你看后会吓一跳，因为你遇见这个情况，你就会是这个反应，你心里就会这么想，你就会有这个性格的困惑……原来，世间的真相是：你的经历可能独一无二，无法复制，但你的心路历程，很多人却和你一样，你的问题和苦恼，很多人也正和你同时经历；而你要相信，痛苦是有办法可以解决的。我不想这本书把你的问题过分复杂化，这将导致你头痛欲裂后，要么心生逃避，要么心灰意冷；我不想这本书只能陪你一起落泪，痛哭之后你的生活依旧回到原点。我想帮你化繁为简，我想帮你看到本质，我想帮你找到规律，我想帮你解决问题。这本书，实用范儿。

其五，这本书不像我此生写的第一本书《色眼识人》，《色眼识人》讲的是性格色彩学基础，任何人都能看，童叟无欺，老少咸宜。每个人的性格都决定着他的命运，所以，当初我为那本书用了一个老掉牙的广告语——"啊，如果你一生只看一本和性格有关的书，就看这本吧。"意思就是人人都该看。

这书不同，本书方向直指恋爱，所以本书读者绝非人人都可。比如，18岁以下未成年者，恋爱莫太早，谨记来日方长，此书晚读几年也无妨；再比如，立志向佛不问情事者，阅读这书，虽可让你了解俗世之种种求而不得苦、爱别离苦和冤冤相怨苦，对开导众生有大大的好处，但极有可能让你起心动念，想起出家前的往事，历历在目，而后还俗回乡，我可不想坏了长老多年清修，故此，不读也罢。本书，无论男女，读者群无比明确，只有三种——准备恋爱的你、正在恋爱的你、曾经恋爱的你。准备恋爱者以此书备战！正在恋爱者以此书参详！曾经恋爱者以此书或回忆或总结或再战！若你已经进入婚姻，万万记得，更是要读！婚姻中的夫妻，多数三年之痒，左手摸右手，婚内无爱，鸣呼哀哉，如果能通过读懂性格唤起婚内的爱情，回归恋爱时的美好，那是铁板钉钉的刚需。最后一章谈与不同性格的另一半相处，既是谈情侣，也是谈伴侣，性格面前，人人平等，说的就是这回事儿。此三种人，人人当看之。这本书，普世范儿。

你看，我以上分析那么充分，加之，放眼江湖，虚名超过我的"情感专家"貌似也没几个，我自己都被这些理由感动了，好，就叫

《性格色彩恋爱宝典》。虽然简单粗暴，但是开宗明义，信息繁杂的世道，好记上口，便是致胜法宝。

可我的几个编辑们，无情地摧毁了我的这个念想。

第一个女孩，乍一看，长得像林黛玉转世，弱不禁风，眉梢藏秀气，声音露温柔，属于那种男人一见，便会心生怜爱的类型。从业多年，谈起出版界的规矩，女孩渊博得像王语嫣指点慕容复那样如数家珍，听我说了这个书名后，顿了片刻，才说："禀告老师，二十年前，宝典在江湖上颇为流行，想当年《葵花宝典》一统江湖，天下莫有不尊，引为时髦，那时江湖上宝典到处走；不过，这些年，今非昔比，早已一江春水向东流。'宝典'二字，人们嫌弃太土，现在，再用'宝典'者，怕只有什么烹饪宝典啊，裁剪宝典啊，求生宝典啊，吾等若用此名，会使世人觉得不时尚，不流行，不新鲜，现在的年轻人，对这两个字都不甚欢喜。"

我心下冰凉，冷冷回她："这书有很多并不年轻的人看，这书，我不是写给只会打王者荣耀和刷抖音的小朋友看的。何况，风水轮流转，出版界二十年一个轮回，就是因为当年流行过了，现在说不定潮流回归，走复古风，大家喜欢'宝典'，谁说得准呢。"

第二个女孩，细腰瓜子脸，玉颈生香，水润秀腿，百米之外性感逼人，继续游说："老师，用'宝典'这两个字，会不会让人觉得太自大啊？所谓'文无第一，武无第二'，恋爱这东西，人人都会。你想啊，江湖上那么多恋爱专家、情感专家、婚姻专家，咱说自己的书是'宝典'，那其他专家的粉丝看到以后，肯定不高兴啊，不买咱的书就算了，说不定还会因为书名问题和我们为敌，暗中使坏，那多不好啊，大家各做各的生意，各有各的粉丝，互不相干，各行其道，那多好啊。"

要知道，似我这种爱美之人，在美色面前，向来抵抗力低下，原本她说的话，怎么着我都会和颜以对，可这次奇了怪了，她一边说，我一边想，东怕西怕，还能干啥？我这些年已经够低调了，眼睁睁地看着很多给出胡说八道的情感建议的书横行天下，妖言惑众，难道我就不能振臂一呼，以正视听了？心里这么想，话音一软，还是没答应，"嗯，戏法人人会变，各有巧妙不同。我用的方法是性格色彩，这四个字是我的，其他人也有他们自己的心得和方法，谁有本事，谁解决问题就好，别人愿意叫什么'宝典'，去用好了，竞争多了，百姓受益。'宝典'二字，本来就应人人得以用之。"

第三个女孩，毫不起眼，满脸雀斑，带副眼镜，声音有点像女版的唐老鸭，"老师，这个书名真好，贴切精准，又不失大气磅礴，多一字不多，少一字不少，精瘦搭配，油腻适度，既突出了性格色彩学的根基，又强调了'恋爱'二字，还说明了这是一个实用的非文艺书，一举三得。书名八个字，厚重拙朴，诚恳扎实，毫无夸张，在当今书名越来越长、越来越看不懂的年代，我们这个书名堪称出版界的一股清流。能做您的书，真是让我学到了很多呀！老师，您是怎么做到既能写出这么好的内容，又能让书名画龙点睛的呀？快点教教我啊。"

她双手托腮，目不转睛地看着我这么说，我突然觉得，她的声音怎么这么好听，那堆雀斑美得是一塌糊涂，我好像忘记了自己姓什么，脸颊绯红，手心出汗，不知怎么接话，干笑了两声，"嘿嘿，也没你讲得那么好，说不定，我们还会有更好的书名。"

她接着说："嗯，老师，我还有个想法，您听听看是否可行？我担心现在的人不识货。您看啊，年轻人都追求新奇，追求自我，内心叛逆，总觉得只有不一样的才是最好的，老一辈用过的词，他们会认为过气了。这样，他们就活生生辜负了您的一片苦心啊。"显然，这些话击中了我，"那你的建议是？"

"老师，您还记得几年前您出了一本很了不起的书吗？——《写给单身的你》。您想啊，如果这本书也按照这样的风格，那不是和上面这本书打通了吗？而且《写给单身的你》这本书，着重讲的是单身者的性格分析，帮助那些想恋爱但还没恋爱的人，找到原因和解决方法；现在，这本书刚好就接着上面的阶段，继续往下走，帮他们解决所有在恋爱中可能出现的问题，多棒呀。"

"你的意思是，书名就叫《写给恋爱的你》？"

"哇，老师，这个书名你起得真的太好啦！你看，多简单，谁一看都能马上记得住。还有，读者群也很清晰呀，反正只要和恋爱沾边的人，看了书名都有想看的欲望；这些要点都是你刚才教我们的啊。还有，书名特别有意境，读者拿到，就像您这个大作者在对着自己说话一样，很亲切。最重要的是，一点都不花哨，刚好和您给人简洁大气的禅修风格完全匹配。老师，你怎么能想得出来这么棒的书名呀？老师，我感觉，我们这书就是《霍比特人》和《指环王》，不对，应该是《无间道1》和《无间道2》，后面您还有《无间道3》呢。"

"是的，明年还有一本'性格色彩婚姻宝典'，专门解决婚姻中遇见的各种问题，可以把那本起名叫《写给婚姻的你》，到时候，把这三本书连在一起，刚好就是'性格色彩情感三部曲'。"

"老师，您太棒了，到时候，您就是真正的情感专家了。"

我假装瞪了她一眼，她吐了下舌头，"嘻嘻，说错啦，您现在就是啦！"我又瞪了她一眼，缓缓说道，"我不喜欢'情感专家'这四个

字。"她说："反正你就是很厉害，很厉害！《写给恋爱的你》，我们
这个书名好高级呀！"

晚上入睡前，我把这天所有的谈话从头到尾过了一遍，浑身打了
个激灵。小雀斑从开口第一句话，就深谙"以彼之道，还治彼身"，
用性格色彩的"钻石法则"和我交流。对红＋黄性格的我而言，前
面两位绝色美人都是直接表达了否定，其实她们有所不知，这样很容
易使性格中有黄色的人产生不必要的对抗，把事谈掰。所以，很多时
候，你跟你的伴侣也一样，你不懂性格，即便你说的是对的，你想帮
人家，你是好心，人家也未必接受，最后，还搞个不欢而散。

人家小雀斑可不一样。先是大大地认可你，喂饱了红色性格渴望
被认同的心理需求，然后，人家并没有直接反对，而是提出一个自己
的担忧，引发你的思考，接下来提出一个更好的建议，还把功劳归于
你，说这是你给她带来的，而且还让你来决定，深深满足了黄色性格
希望自己做决定的心理欲望。其实，最后的答案早就在她心中，人家
死活就是不讲，就是让你讲，让你自己感觉是你自己决定的。所有的
招式如行云流水，一气呵成，perfect（完美）！高手啊！

我给小雀斑发了个信息，上来第一句就是："你怎么这么厉害？你很会说话。"

人家回了一条："报告老师，您教得好。"

"你怎么做到的？"

"天天看稿子，都快背出来啦。我第一次看，没吃饭，抱着连续看了五个小时看完了，一边看一边划，一会儿哭一会儿笑，我妈在旁边以为我傻了。老师，我前男友和您的性格一模一样，如果早点看，就不会和他分手了。我现在才知道过去自己做了多少蠢事，我自己还一直以为是别人的问题，现在我是朋友圈中的情感专家，他们搞不定男朋友女朋友，追不到喜欢的人，都会来找我支招。还有，我爸我妈他俩现在吵架，我都用这本书的方法轻松搞定，老师威武，耶！"

我想着这个小雀斑，脑海中浮现出我在都柏林乡下看见的当地那些不怎么用力挤奶却能使牛奶也汩汩喷出的满脸雀斑的爱尔兰姑娘们，雀斑，好东西啊，我现在想想，怎么会那么迷人。

我期待着你用这本书搞定你所爱的人，你们过得快乐，过得幸福。

我在这儿，等着听你的故事。

乐嘉性格色彩测试

你的性格色彩是什么？

乐嘉性格色彩卡牌测试二维码

你的四种性格色彩分数是：

_____分

_____分

_____分

_____分

1

Chapter

不同性格的
情感画像

>>>

01.
红色性格的情感画像

红色性格是最拥有孩童心态的一群人。在没有困难或麻烦发生的时候，他们乐天而且无忧无虑，善于给自己找乐子，追求快乐是他们寻找伴侣的第一需求。当人生遇到挫折打击的时候，红色性格会想要找到一个可以倾诉和安慰他们的伴侣，在情感的交流和共鸣中得到解脱。

红色性格心情和表情都富于变化，很容易因为很小的事情不开心，也容易因为很小的事情开心得像个孩子。多数时候，红色性格是活泼快乐的，这源于他们的乐观。红色性格尤其擅长发现生活中的乐趣，一家新开的进口超市、一份意外的生日礼物，都可以让他们从烦恼中迅速解脱。因为情绪多变，红色是最容易更换社交媒体头像和网络签名的，他们的心情需要通过变换选择的方式来表达。"秀恩爱"和"晒工资"多是藏不住自己的红色性格干出来的事，"剁手族"和"拖延族"也以红色性格居多。

红色性格渴望拥有不受限制的完全自由，最好没有任何压力，想去哪儿去哪儿，也不用为其他人负任何责任。有钱且有闲的红色性格，是最容易成为早上在办公室上班，下午就飞到伦敦喂鸽子的那类人。工作收入还不错但比较忙碌的红色性格，几乎都有过"开咖啡馆或设计自己的品牌"的梦想，之所以红色性格渴望成为小店主，其实只是为了享受那份自由和闲适。之所以有些红色性格不愿脱离单身生活，也是因为离不开那份不羁和自由，不想受到家庭生活的束缚。

* 红色性格容易接受新鲜事物，兴趣和爱好广泛，难免有"三天打鱼，两天晒网"之嫌。红色性格是各类流行用品商家广告投放的主力人群。因为单身，经济压力相对小，又因为红色容易成为第一个吃螃蟹的人，所以无论是最新流行的电子产品，还是异域传过来的奇特美食，红色性格都勇于尝试，而且喜欢拉帮结派成群前往。当红色性格品尝到一道美味，或买了件称心如意的衣服，其他性格可能自己满意就算了，但红色性格忍不住要把它拍照发到网上，或者赶紧告诉自己的好友"快来买吧"，他们是那么具有分享精神，天生就喜欢把好东西分享给别人。

自我形象

在红色性格的内心深处，他们希望自己是世界注意力的中心，艳惊四座，光芒万丈，在人群中引得无数英雄美人竞折腰。当然，这种自我形象能到何种程度，受限于这个红色性格的人受教育的程度和对外部世界的认知程度。但无论是哪种环境下成长起来的红色性格，形象受损都是他们相当敏感且在意的事，他们很在意别人对自己的评价。

∴ 红色性格是乐观的理想主义者。当用性格色彩卡牌摆出"理想的自己"时，那些摆出来是红色、蓝色、黄色、绿色四色均衡且全是优点的牌面的，几乎都是红色性格，其他性格则未必如此。因为红色性格的想象力无限驰骋，他们认为世间所有的好东西都可为自己所拥有，而他们想要的，也就是那无限美好的过程，至于最终结果去向何方，并不是他们最在意的。

∴ 红色性格有"照镜子情结"，容貌端正的红色性格，会相当在意自己的形象，他们喜欢精心装扮自己，并在人多的场合出现，常常会用"回头率"来衡量自己一天的"快乐指数"。外表不具优势的红色性格，则会以某种才能或能力作为自己展示的资本，当红色性格取得成绩时，如果不能"衣锦还乡"，那种"锦衣夜行"的感觉会让红色性格非常不爽。而他们展示的途径有很多，就像在朋友圈玩命更新的，多数都是红色性格。

∴ 红色性格受到打击、挫折，对自我产生怀疑时，会像泄了气的皮球，心情瞬间低落或沮丧，甚至走向抑郁。这时如果身边有足够多的人告诉他"你真的很好"，类似的肯定就像给瘪了的气球吹气一样，会把他的自我认可感一点点吹起来，从而暂时拯救红色性格。长远的自救，则需要红色性格脚踏实地一点点实现目标，建立自信，树立真实而美好的自我形象。

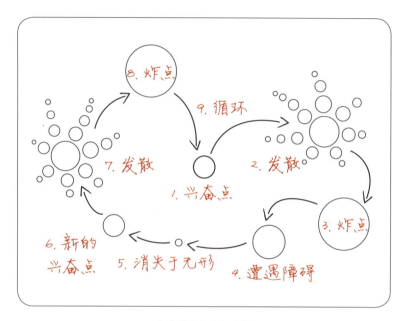

红色性格怎么想事情

✖ 沟通特点

红色性格善于用语言引起别人关注，无论是上课时的主动举手发言，还是工作中积极提出自己的创意，或者是生活中讲笑话逗人发笑，都是他们的特长。当然，由于职业、年龄、阅历的不同，有些红色性格在工作场合的语言表达会相当内敛和克制，但一旦在非工作场合，当他们确定自己是被人喜欢的和受到欢迎的，天性中的丰富表现力就很容易被激活，语言也会变得生动和夸张。

主动——红色性格不喜欢冷场。无论是聚在一起八卦聊天，还是谈论新买的东西、刚去的餐馆、对某事的看法等等，红色性格往往是主动发起话题的一方，他们更愿意把自己的看法毫无保留地表达出来。如果对方是一个忠实的倾听者，认真地聆听、不断点头认可，他们会觉得相当享受。

跳跃——跟红色性格聊天，他的话题会不断跳跃，极为发散。比如在相亲的时候，最有可能问出奇怪问题的当属红色性格，我听过一个比较离谱的故事，红色性格女生跟一位衣着时髦的男士相亲，居然脱口问出："你是 gay（男同性恋）吗?"男士感到受辱，愤然离去。事后，红色性格无辜地对朋友说："我只是想恭维一下他的穿衣风格，因为在我看来，中国的男人都太不会打扮了，只有gay 才有这么强的时尚感。"这种跳跃的思维，如果伴随着红色性格有时的口无遮拦，很容易不小心就伤到人。

情绪——红色性格的话中蕴含着丰富的情绪，同样他们更喜欢听到的也是富有情感的表达。有人说"家是讲爱的地方，不是讲理的地方"，其实这句话主要对红色性格有效。沉醉于另一半甜言蜜语的是红色性格，最擅长用语言示爱的也是红色性格。一对红色性格的单身男女在对彼此尚不了解的情况下，情感迅速升温至顶点，往往是因为他们一见钟情，这对于内敛的蓝色性格和果决的黄色性格而言，既不能接受，也不能理解。

✖ 作为朋友

朋友对红色性格而言，是不可缺少的。武侠小说中的主角大多数是红色性格。武侠小说也很好地刻画了红色性格侠客般重视友情的一面，他们甚至会有"兄弟如手足，妻子如衣服"的思想。当爱情与友情发生两难抉择的时候，红色性格会感到非常纠结。如果被朋友们评价为"不够朋友"，红色性格会感到难以忍受，他们希望自己在朋友心目中是仗义的、豪爽的、热情的，这构成了他们生命价值的一部分。

∴ 红色性格不喜欢寂寞，他们对友情的需求很强烈，而且希望拥有很多好朋友，但并不代表友情可以替代爱情。这里不得不说，红色性格的倾诉欲很强，假如他心情不好想找人倾诉，打开手机通讯录，发现找不到可以倾诉的人，那会是件让他无比悲哀和沮丧的事情。同样，当他开心的时候，也需要朋友来分享他的快乐，这会让他更加快乐。

∴ 红色性格乐于结交新朋友，他们崇尚倾盖如故的人际关系，从第一次见面起，只要有投缘的感觉，友情便会火速升温。红色性格的女人会结伴上厕所，其实，这都是害怕寂寞的表现。会扎堆抽烟胡吹乱侃的男人也多数是红色性格。他们追求一种形影不离、无话不谈的关系。

∴ 多数红色性格更愿意与好朋友分享自己的恋爱过程，也乐于接受朋友的参谋。一个红色性格在认识一位美丽绝伦的女模特时，曾经兴奋地告诉自己的朋友："我泡上了一个靓模!"当时，他只是单纯地想向朋友炫耀自己的喜悦。后来，没想到他和这位模特共结连理。婚后朋友不慎把当初的这句话告诉了他的妻子，引发了一场麻烦。反过来，女人因为听了闺密的话而与自己丈夫发生冲突的事情也屡见不鲜。可见，朋友既可能是红色性格恋爱的助力，也是红色性格恋爱的阻力。

❀ 作为家人

除非是从小家庭关系无比糟糕，大多数红色性格是恋家的。家对于红色性格而言，是一个温暖的避风港，也是他可以放下防备，随意和任性做自己的地方。很多红色性格对外人更有礼貌或保持分寸，回到家里却变成另外一个人，是因为家让他放松，所以性格中的情绪化、随意、杂乱无章更容易显现。红色性格渴望与家人亲密无间，得到家人无条件的关注和认可，如果得不到，就会发生情绪的动荡，家庭关系也会变得不和谐。

与家人的关系会严重影响到红色性格的恋爱与婚姻。有些红色性格会因为童年缺爱或受到家人伤害，对爱情产生不信任感。一位红色性格学员在课上提出的问题是："如何才能知道家人是不是爱我?"因为她有一对严厉而冷漠的父母，从小到大，她在情感中有强烈的不安全感。当她结婚后,与老公的关系始终有隔阂。性格色彩课程帮助她重新建立了与父母的联结。课程结束后,红色性格的学员给丈夫发了一条深情的短信,她真心体会到丈夫多年以来对自己的爱与包容。

当家人反对时,红色性格会在亲情和爱情之间感到两难。骨子里,红色性格渴望自由而快乐地选择自己所爱,但从实际状况来看,相当多的红色性格容易受到家里的影响,与恋人关系出现问题,这主要是因为红色性格非常容易受到他人评价的影响。

红色性格成家以后,对自己组建的家庭不吝付出情感,也期望得到足够的情感回应。一家人相互关心、频繁交流是红色性格希望看到的家庭幸福场景。一般来说,红色性格对于繁杂的家庭事务会感到厌倦,但如果家人能边交流情感,边共同承担家务,他们则会感到无比幸福。

Red

画像速写

情感画像：情绪丰富外露，渴望自由，随性，好奇心，有分享欲强

自我形象：乐观的理想主义者，渴望外界关注，需要认可

沟通特点：主动积极，思维跳跃发散，情绪饱满

作为朋友：爱交友，热情真诚，爱分享，倾诉

作为家人：受原生家庭关系影响大，亲情爱情双重牵绊，乐于付出，

渴望回应

02.

蓝色性格的情感画像

　　蓝色性格的特点很符合中国传统文化的要求——含蓄、内敛、情感深沉。他们具有完美主义倾向，容易陷入柏拉图式的爱情，精神层面的默契和相互理解是他们在情感中最重要的需求。当感情受挫时，蓝色性格会封闭自己，在自己的世界里思索，沉浸于属于自己的那份忧伤。

:: 蓝色性格拥有一丝不苟的精致外表和理智的情感表达方式，生活在自己的世界里，外人很难走近他们的内心。无论年龄大小，蓝色性格都有一份超于同龄人的沉静，他们中极少会出现肥胖或邋遢的人，这与他们的自我要求极高有关。由于对己和对人的要求都很高，他们常常不易为人所理解，他们内心深处极其渴望灵魂的共鸣和相处的默契，却始终难以达到。

:: 蓝色性格注重逻辑、道理和规则，认为凡事都有"应该"，内心坚守原则与底线不动摇。蓝色性格的女人打破了大众以为"女人都是不讲道理的"的误区，她们比某些其他性格的男人更注重道理和规则，这点在她们与男人相处时，往往会让男人们感到惊讶。要改变蓝色性格的想法极为困难，因为他们不会在不经考虑的情况下贸然提议，当他们提出时，已经是一个不可撼动的决定了。假如受到伤害，并且没有得到合理的解释，他们会记很久。

:: 蓝色性格追求完美。这对蓝色性格而言，他们不仅仅是口头上说说而已，而会去实际地践行。他们考虑问题仔细而周全，但容易产生消极的负面思维。蓝色性格容易放大隐患和风险，在涉足任何事情之前，会做最坏的打算和全面的考虑。

:: 蓝色性格在大众心目中，蓝色性格是最专一的性格，其实，这是因为蓝色性格进入情感和从情感中拔出的速度是四种性格中最慢的，加之他们生活圈子比较固定，容易沉溺于对往事的追忆，也使情感容易走向负面消沉，很不容易开始迎接新的生活。

▶ 自我形象

如果说红色性格的自我形象是光芒万丈的王子或公主，蓝色性格则容易把自己代入到口不能言的"海的女儿"角色之中。小美人鱼拥有善良的品性、细腻的柔情、忠诚的臂膀（正是这对臂膀将王子从惊涛骇浪中救起来），却不善于表达，只能眼睁睁看着爱人被另一个女人夺走。蓝色性格始终认为外在的东西是肤浅的，所以即便一位颜值颇高的蓝色性格，在你赞美他的外貌时，也不会太过在意，因为这是一见便知的，从这样的赞美中，他觉不出你对他的真心真意。蓝色性格不愿成为众人瞩目的焦点，更愿意沉浸在理智的自我反思的世界里。

:: 蓝色性格是悲观的完美主义者。正因如此，他们认为真正的完美并不可得，他们也并不奢望自己能做到或接近完美。对他们来说，避免犯错是重要的，所以他们时时会看到自己身上的不足，并会在诸多并不尽如人意的选择中权衡出一个相对较好的选择，他们愿意被看作为一个可信任的、有分析能力的参谋。

∴ 蓝色性格并不奢望成为别人眼中的完人。事实上他们认为这样是有极大风险的。蓝色性格更愿意相信人心难测，世界是复杂的，人也是复杂的，他们会在深入考察之后信任某人，但并不希望对方疯狂地欣赏和迷恋自己，只要他们所信任的人也信任他们，将他们放在心上就足够了。

∴ 当蓝色性格发现自己犯错误的时候（虽然他们已经相当谨慎，但这种情况还是会发生），他们会问自己"为什么"，并试图通过深入地追问和反思，找出隐患，避免将来再犯。如果长期无法做到自己认为正确的程度，蓝色性格会对自己感到失望，并逐渐消沉下去。这时，如果想要帮助蓝色性格走出困境，一味地说"你很好"只会雪上加霜，只有就事论事、找到问题的根源，才能让沉浸在自己想法中的蓝色性格找到出路，重见天日。

▶ 沟通特点

如果有需要，蓝色性格也可以做到侃侃而谈，但他们内心更享受

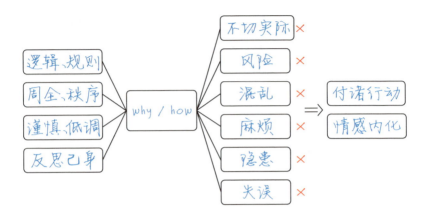

蓝色性格怎么想事情

不用过多的语言交流，这会给他们带来一种"只可意会，不可言传"的舒畅感。他们内心最深处认为，假如我要了解一个人，我会观其行，假如我希望传达一种意思给别人，也会用行动来让对方明白，别人看到了自然就明白了，毋需多说。

他们与伴侣之间在沟通上可能发生的障碍，皆源自这样的现象——当对方是其他性格时，往往会一头雾水，觉得跟他们沟通无比困难，以为他们什么都放在心里，不愿意说出来，而他们则会很郁闷："我不是已经表示得很明显了吗？难道你不会用心看吗？"

- **含蓄**——蓝色性格不擅长直接说出自己的需求，他们习惯于婉转地表达，并认为对方一定心知肚明，还有很多时候，他们干脆不表达。过生日的时候，他们会给重视的人送一件早就留意到对方喜欢的礼物，也许是他路过橱窗时多看几秒的东西。总之，他们认为，假如你认真聆听一个人，就一定会参透他话语中委婉的玄机，所以，当对方没理解他的意思时，他会失望，并把负面情绪深埋心底。在《越狱》中，蓝色性格的麦克对莎拉的示爱，非常含蓄，两人一起经历生死，但他对她只说了一句："You and me,it's real."（我和你，是真的。）这样简短的字句，却胜过了千言万语。

∴ **逻辑**——蓝色性格在表达上具有极强的逻辑性，这种逻辑性并非来自刻意的后天训练，而是与生俱来的。这种逻辑推理也会让蓝色性格看起来比较难对付，比如，当两个人约会时，假如对方迟到了，在与对方关系不是很亲近的情况下，蓝色性格不会轻易把自己的情绪表现出来，多半会闷闷不乐，让对方自己去想哪里出了问题；而当结婚以后，如果对方约会迟到，则可能问很多问题，为什么迟到？之前为何没有预留出堵车或路上耽搁的时间？……其实他的本意只是想通过逻辑来搞清事实，以免日后继续空等，但对方却可能视之为"质疑"。在逻辑的背后，蓝色性格认为凡事都有理由，他们本能地探寻事件背后的真相，在爱情中，这也许会成为一种阻碍——毕竟跟"福尔摩斯"生活在一起，也是够累的。

∴ **细腻**——当你与蓝色性格缔结了某种亲密关系之后，他们的细腻关怀是让人如沐春风的，但他的细腻体贴不会对大多数人开放，但对于至亲至爱，他可以做到让人难以想象的体贴。口渴时，他会恰到好处地递上一杯水，温度适宜。但当你对蓝色性格的细腻没有回应或否定回应时，他们是很受伤害的。

▶ 作为朋友

蓝色性格的朋友不多，但凡能被他们列入"朋友"名单的，都是极其知心和信任的人。他们宁可少一些朋友，也不愿拥有很多朋友。蓝色性格往往为维护一段"完美"的友情，不惜牺牲小的利益或对一些小事表面不计较，但当你伤害到他们大利益的时候，他们通常会不计后果地与你绝交。蓝色性格不会跟某个人特别亲近，也不会跟某个人特别疏远。对于人际交往，他们更多看到风险，而不像红色性格那样恣意地享受其乐趣。

- **谨慎**——蓝色性格把"朋友"这两个字看得很重，对于轻率示好的人，他首先感到的是怀疑："为何他对我这么好？是否我身上有东西可以满足他？如果我不能同等地回报，宁可不要欠下这样的人情。"经过多次的观察、试探和侧面了解，他才能逐渐确认这个人是他的朋友。

- **深度**——一旦为友，他会将内心比较深层的东西一点点掏出来，与对方交流，期望得到共识和共鸣，但依然不是全部，内心最底部的东西他永远也不会示人。他不像红色性格那样，享受跟人掏心挖肺的感觉。蓝色性格与对方越熟，关系会越好，话也会相应越多，其实蓝色性格也可以侃侃而谈，前提是确定对方可以信任，并且对自己讲的内容有足够的把握；但是不熟的人可能会觉得蓝色性格是闷葫芦，活在自己的世界里。所以，请不要说你走不进蓝色性格的内心，其实，只是你和他没有那么熟而已。

- **忠诚**——对朋友忠诚，对于蓝色性格而言很容易做到，原因是他不是一个图新鲜的人，他对自我的戒律很强，不易受到外界的诱惑。背叛对于他而言，意味着自我原则的毁灭，是一种极大的风险。蓝色性格相信时间可以证明一切，假如暂时无法确定对方的真诚，那就用时间作为最好的判别方法，在漫长的岁月里去慢慢地体会和观察好了。假如已经成为相互信任的好友，那这份友情也是经得起岁月考验的。

▶ 作为家人

蓝色性格对家人的爱体现在"无声胜有声"的涓涓细流一般的行动之中。重视规则的蓝色性格认为家不仅是讲爱的地方，也是讲理的地方，没有规矩，不成方圆，蓝色性格是家庭秩序的维护者，为全家人提供着坚实的后盾和精打细算的安排。

- 蓝色性格重视家庭的隐私，即便家人之间出现矛盾纷争，也不会让外人知道。保护家人的隐私，维持一定程度上的隐秘性，对蓝

19

色性格而言是不言而喻的。在保守秘密方面，天性深沉内敛的他们也的确可以做到守口如瓶、喜怒不形于色。

- 蓝色性格很难适应吵吵闹闹的气氛，他更希望家人之间无需说太多，彼此都有思想上的默契和行动上的一致性，即便为了家人而彼此付出和牺牲，也是理所当然、无需言明的。

- 成家以后，蓝色性格会自动把伴侣纳入家人的范畴之内。你会发现他对待伴侣的方式和对待父母的方式十分相似。作为"主内"的高手，蓝色性格关注细节而且体贴，会给予伴侣温暖的家庭氛围和强大的安全感。

Blue
画像速写

情感画像：理智，沉静，自我要求极高，渴望灵魂共鸣，注重道理、规则，践行完美，专一，慢热

自我形象：悲观的完美主义者，理智的反思者

沟通特点：含蓄，逻辑，细腻

作为朋友：谨慎，深度，忠诚

作为家人：重隐私，求默契，周全体贴

03.
黄色性格的情感画像

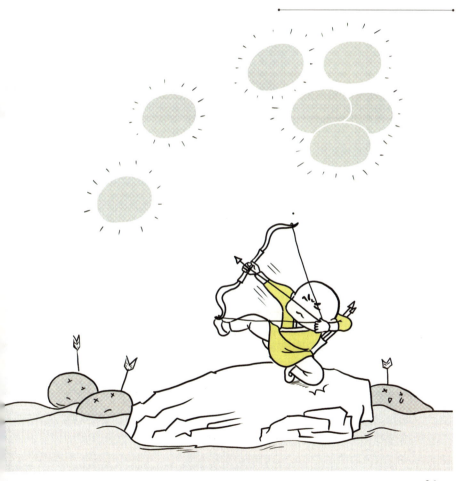

> 黄色性格的人生是一场只准赢不许输的竞赛，他们不畏战斗，不惧败绩，不怨天尤人，不以弱者和伤者自居，强是应该的，赢是必须的，输是努力不够，从头再来，永不言败。别人时常会误解黄色性格是"无情之人"，其实黄色性格的情感是用做事情来表达的，他们排斥那些只会说好话的人，他们认为把事情做好，才是为对方好的唯一最佳方式。

∴ 不单单是黄色性格的男人沉迷工作，黄色性格的女人也常被人贴上"女强人"的标签，但她并没有觉得"强"会成为她择偶的绊脚石，反会认为，只有自己优秀，才能遇到更优秀的男人，正所谓"你是谁，才能遇见谁"。当你认为黄色性格整日整夜加班很辛苦的时候，他们却乐在其中，他们觉得拥有成就才算收获生命的意义。黄色性格是容易成为领袖的一类人，他们认为"金鳞岂是池中物"，他们一直憋着劲儿，等着化龙的那一天。

∴ 速度与激情、时间与效率都是黄色性格的兴奋点。他们雷厉风行，思维清晰，如果有捷径，绝不绕路。他们明明知道盘山公路的风景会更美，却无心观赏，争分夺秒飞驰在通往目的地的高速公路上。在快节奏的生活中，黄色性格不知道寂寞是什么味道，因为他们连感受寂寞的时间都没有，上班闲不住，下班非要安排得满满当当，恨不得把一分钟掰两半用。为工作，他们可以时刻调动激情，工作的成就本身就足以让黄色性格高潮。但这并非意味着他们不需要伴侣，如果有一份能够彼此成就、一起进步的伴侣关系，对黄色性格来说，可谓天作之合。

∴ 黄色性格更想掌控别人，最恨别人掌控自己。他们骨子里有着改造和影响他人的欲望，黄色性格大多会把自己的观点，作为评判事实对错的唯一标准。如果黄色性格认为自己是对的，他一定会坚持；如果黄色性格发现你是错的，他一定会让你改正过来，按照他认为对的方式去做。对于情感关系，黄色性格认为"既然你成了我的另一半，我就有责任帮助你变得更好"，很多时候，伴侣会受不了黄色性格的批判和改造欲，提出抗议，但黄色性格不会因此而退缩。

⬆ 自我形象

黄色性格认为自己是生活中的强者。这种强，并非表面的强大或以气势压倒他人，更多的是一种不怒自威的压迫感。他们凡事喜欢争先，有着与生俱来的超越别人的欲望，他们认为自己拥有改造外部世界的责任和使命，对他们而言，没有做不到的事情，只有不想做的事情。

黄色性格骨子里认为自己是出色的，那些暂时无法施展抱负的黄色性格，也会认为终有一天自己是出色的。《红楼梦》中的贾雨村就是典型的黄色性格，进京求取功名，无奈囊内空空，只得暂寄姑苏城葫芦庙安身，每日卖字为生。即便搁浅在沙滩上，他做的诗依然是"玉在椟中求善价，钗于奁内待时飞"，也就是说，他毫不怀疑自己将大展宏图。

∵ 黄色性格喜欢以干练高级的形象示人，有些黄色性格是时尚的，但他们多半会采取简约的时尚路线，信奉"Less is more（少即是多）"的真谛；也有些黄色性格与时尚绝缘，穿着随意，但无论哪种情况，黄色性格都不太会以复杂多变的形象示人，因为那样会浪费太多时间。对于有一定收入的黄色性格而言，我所见到的经常穿商务装或运动装的比较多，因为他们的工作时间很长，非工作时间也可能在见客户谈合作，所以穿商务装符合工作的要求，而运动装则可以让黄色性格在彻底放松休息的时候保持活力，可以快速行动不受限制，故而也是黄色性格偏爱的。

∵ 黄色性格不太在意别人眼中的他们是多么漂亮或多么普通，除非这会影响到他们的目标。但有一点，黄色性格特别在意自己的权威感，会竭力消除一切有损他权威感的缺点或污点。譬如，许多当老板的黄色性格不愿意聘用自家亲戚当员工，一旦聘用了，会对亲戚的要求比对其他人更高，他们时刻警惕着亲戚的工作表现，担心那会有损自己的威严。一位黄色性格朋友告诉我，他创业三十年，他妻子从未在他公司任职过，即便只是偶尔一次，去他公司转悠，看看他的办公室和工作情况，他的神经也是高度紧张的，时刻警惕着，不希望妻子在他的员工面前有任何危害到他权威的表现。

:. 黄色性格遇到比他更加权威和更有影响力的人时，可以瞬间放下身段，转而像绿色性格一样服从，但这并不意味着他们放弃了权威，那只是暂时的顺服。他们会暗暗地积攒实力，直到自己可以越过这座高山的那一天。当黄色性格遇到挫折时，他们认为"人定胜天"，当黄色性格真的遇到人力无法对抗的挫折和打击时，他们会在短暂的消沉后，找到另外的目标，只有为了目标而活着，黄色性格觉得生命才有意义。

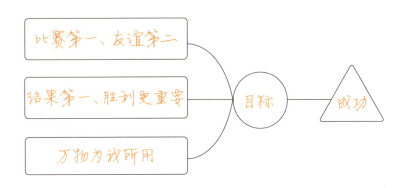

黄色性格怎么想事情

♦ 沟通特点

黄色性格习惯的交流方式偏冷偏硬，有事启奏，无事退朝，他很难意识到不经意间已经把自己摆放于高高在上的位置，让人心生距离感了。

* **直接**——黄色性格说话做事最大的特点就是直截了当，无论是他要表达，还是他在倾听，他都希望直达重点内容，省去中间繁杂的过程，他只关心结果是好是坏。即使遇到思维跳跃的红色性格，黄色性格也不忘把话题拉回重点，始终关注对自己重要的内容。若谁讲话铺垫很久，他不会觉得此人含蓄有方，反会认为此人能力不足。时间、效率于他而言，胜似金钱，也让他显得有些急功近利。黄色性格的经典口头禅是"说重点！"和"结果呢？"这很能代表他们内心的想法。

* **批判**——如果你一把鼻涕一把泪地跟黄色性格倾诉你的苦恼和悲痛，黄色性格一定会斥责你：收起你的眼泪，哭解决不了任何问题。他们认为哭是最无能的表现，然后会指导你，让自己更强大才是解决问题的根本办法。即便是安慰朋友，他们也是略带批评教育的语气。即使有某件事情让他很受伤，你听他描述时，也完全感觉不到，他的讲述口吻是强者自强，一切往前看。黄色性格并非对任何人都祭起批判大旗，他的批判多半是因为看到了他所认为的对方错误可能造成的后果，黄色性格习惯于运用后果放大法，让人们居安思危，因而在批评时，他们的杀伤力较大。

* **圆滑**——黄色性格的圆滑当然不是他的真面目，而是为了达成目

标的交流技巧而已。只要是为了给人们留下良好的印象，黄色性格完全可以临摹蓝色性格的精益求精，也可以修炼红色性格在交际上的八面玲珑，更可以扮得像绿色性格那样懵懵懂懂，黄色性格为了达成目标会卑躬屈膝，他不怕牺牲，不怕付出，不怕得罪人，更不在意外界对他的任何评价。

♦ 作为朋友

看似高冷的黄色性格也有很多朋友，不过，大多都是和他一样怀揣巨大抱负的男男女女，他们共进晚餐时谈论的话题，是当今世界经济与政治格局，喝下午茶时，也不忘对接项目共同谋利，就连逛街时，也会本能地留意市场上最新的商机。

∴ 黄色性格喜欢沟通交流，不过那都是以能够有所收获为前提。他们不闲聊，不八卦，很少说无关紧要的话，聊天内容从生活到工作，几乎都是乘风破浪、勇往直前，满满正能量，偶尔为了使某种人际关系熟络，也会故意说些客套恭维话。

∴ 不像红色性格那样，什么朋友都愿意交，黄色性格会有意无意地交一些比自己优秀的朋友，当作学习的榜样，他们会极力奉行"近朱者赤"的千古精髓。《三国演义》中的刘备，三顾茅庐去邀请诸葛亮出仕，足以说明为了和优秀的人为友，黄色性格可以不在乎面子，尽管他的外表十分温和。即便是和朋友一起休闲或度假，黄色性格也时刻不忘自己的目标，不会耽于享乐，如果朋友们想要尽兴地玩乐而忘记了时间，黄色性格会选择提前离去。

• 单身的黄色性格没有家庭的牵绊，走得更快，由于他忙于事业无暇顾及，那些跟不上他成长速度的朋友，渐渐淡出他的生活。黄色性格独自生活久了，更容易忽略他人感受，等他觉察到朋友在他的光环之下只剩下自卑和距离时，朋友已跟他少有来往了。即使被孤立，也不能阻挡他在追逐成功的道路上加快步伐，他会继续孤军奋战，同时告诉自己，伟大的成功者天生就注定一生需与孤独为伍。

作为家人

黄色性格认为重视家人并不代表整天都要和他们腻在一起，黄色性格更喜欢各忙各的，有需要的时候相互支援。黄色性格对家人的爱，往往通过为家人创造更好的生活条件来表达。很多其他性格会控诉黄色性格在家人生病时，不是陪伴左右，而是继续工作，而黄色性格则会出示自己为家人支付的长长的医药费单据，以此来说明他努力工作的意义和价值。

• 黄色性格的理性让他可以轻易接受各种家庭形态：单亲、周末夫妻、婚生子女和非婚生子女的混合家庭、无性婚姻、各自有婚外性的家庭等等。对黄色性格来说，家庭的形式不是重点，重点在于家庭成员是否都勇于承担责任，当有大事发生时能否做到相互支持。对他来说，家庭也是一个团队，而他是当仁不让的领导者。

∴ 黄色性格不会因为家庭而丧失自己的独立性，也不会因为家人的意见而改变自己的决定。与他自己有关的，比如跟谁结婚、是否跳槽换工作等等，固然由他自己说了算；事实上涉及家庭事务方面，只要他有机会拍板，也会倾向于先做决定，再告知其他家庭成员。

∴ 成家以后的黄色性格，倾向于和伴侣谈好分工，各自承担自己的一部分责任。同时，黄色性格与生俱来的改造欲会让他想要不断引领另一半向更好的方向发展，这使他有时难免会忽略另一半的感受。

Yellow

画像速写

情感画像： 强者，事业心，高效率，掌控别人

自我形象： 干练高级，不太在意别人的眼光，看重权威和影响力

沟通特点： 直接，批判，圆滑

作为朋友： 有价值的沟通，有意义的结交，忽略他人感受

作为家人： 接受各种家庭形态，独立，改造欲强

04.

绿色性格的情感画像

绿色性格可以用"温良恭俭让"来形容，他们秉承低调的原则，无论男女，绝不会穿时尚前沿的衣服，主色调肯定是大众色，式样保守但不过时，他们不追求回头率，远离标新立异，只愿做个平凡的路人。与其他三种性格不同，由于他们性格中的核心动机是稳定，他们拥有以下特点：

- 他们从不与人吵架和发生冲突，争风吃醋的事情更与他们绝缘。绿色性格给人一种温柔和让人愿意接近的感觉。他们有自己稳定的生活模式，无论钱多钱少，无论英俊漂亮还是普通平凡，他们向来满足于自己所有的，无欲无求，从不羡慕别人，因为从不与别人比较，自然也就不会嫉妒和抓狂。

- 他们不会成为"霸道总裁"，也不会成为众所瞩目的"花蝴蝶"，容易配合和顺从。绿色性格在人堆里最不引人注目，从穿着打扮到为人处世，他们从不离经叛道，从不夸张表现自己，连自己的意见都毫不坚持，是存在感偏低的一类人。尽管如此，他们的幸福感并不低，因为在他们心中，本来就没有争强好胜的欲望，活在当下已经是最佳的选择。

- 对于所有美好的事物，他们愿意拥有，但假如没有，也不会造成任何影响。绿色性格在没有外力的推动下，几乎不会更换没有坏掉的个人物品，尽管新的流行一茬接着一茬，但绿色性格始终觉得"旧的东西只要还能用，就没必要换新"。同样，当别人都在谈论着到处旅行时，绿色性格并不挑剔去哪里，只要是朋友们推荐的都可以，他有时可能也会提一两个方案，但是，只要朋友否决了，绿色性格也就不争辩了，反正去哪儿对他们都一样。对他们来讲，只要跟大家一起，玩得开心，去哪儿都可以。

▲ 自我形象

绿色性格习惯于降低自己的存在感。在绿色性格心目中，普普通通、平平淡淡就是最好，所以，他们也发自内心愿意成为一个普通人。他们自谓"比上不足，比下有余"，信奉的是"知足常乐"。记得我曾追问一位绿色性格的女性朋友："你的梦想是什么？"她"嗯啊"半天，反过来问我："啥叫梦想？"在我不断地启发诱导下，她好不容易想出来一个："当个好妻子、好母亲，算是梦想吗？"对绿色而言，平淡如水的生活真的就已经足够了。

绿色性格的自我要求不高，所以很少会去追逐时髦和流行，但绿色性格也不会是那个特立独行穿着古董衣服的人。他们喜欢选择大众而不出错的穿着，有些小小的温馨和温暖感觉的衣服，并且基本上不会有太多的变换，每到一个季节，来来去去就那么

几件，也不会穿厌。黄色性格的衣着也比较简单，但和绿色性格
的最大不同是，黄色性格会穿那些凸显自己身份地位的服饰，而
绿色性格更希望无声无息于众人之中，黄色性格青睐干练紧凑的
穿着，绿色性格则喜欢柔软舒适甚至有些拖沓的穿着，给人以亲
切感。

绿色性格不太在意别人眼中自己的形象。即便有人提出让他改变
风格或注意形象，他虚心接受之余，也很可能屡教不改，因为他
的口头接受，只是表示接受别人的好意，而不代表他真心觉得外
表有多么重要。"你的形象价值百万"这句话，能呼唤起红色性格
的亢奋和黄色性格的重视，对绿色性格却毫无效果。绿色性格是
关注他人感受的，但他往往不像红色性格那样，会想去特意地提
升别人对自己的好感，绿色性格只是尽量避免别人对自己有不好
的感觉，这两者之间，是有着本质差别的。

当周围的人全都与绿色性格切断联系，把他扔在一个自己无力解
决问题、身边又没人可以求援的困境中时，绿色性格会自我放弃。
他会紧缩在一个更小的空间内苟延残喘，直到有可以为他指明方
向的救星出现。绿色性格最理想的状态是符合道家精髓的怡然自
得、宠辱不惊，而绿色性格最糟糕的状态是陷入困境中无力自拔
的可怜虫。

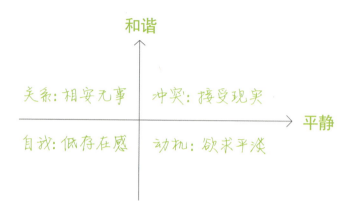

绿色性格怎么想事情

▲ 沟通特点

绿色性格擅长被动沟通。所谓"被动沟通"，就是他可以一直倾听而不打断你，等待你主动叙说而不去打探你不想说的事情。假如反过来，要求绿色性格在公众场合侃侃而谈，或者让他去为大家争取权益，他就死机了，因为他天性中很难做到这些。

- 嗯（啊、哦）——绿色性格常用"嗯、啊、哦"来回应别人说的话，假如你一定要问这几个字代表什么，很遗憾地告诉你，它们不代表任何意思。假如你以为绿色性格的"嗯"代表他听懂了、会去做，那你就死定了，因为这样一来，你的期待很有可能会落空。绿色性格不知道该怎么拒绝别人，所以就用不带任何倾向的词汇来表示回应，其实他们根本没想要去做。

∴ **随便（无所谓）**——绿色性格的另两个高频词汇是"随便"和"无所谓"。当他们这样说的时候，代表真的没关系，你怎么决定都行，你怎么决定，他们都不会不开心。这点跟红色性格有所区别，红色性格口中的"随便"和"无所谓"只代表他们当下的情绪，随口说说，当情绪发生变化后，对待同一件事情，他们立刻就变成"有所谓"了。

∴ **挺好的（还不错）**——绿色性格几乎从不给出负面评价，当别人一定要求绿色性格从两个东西中挑一个、做出反馈时，绿色性格会说"都挺好的"，实际上他们心里是有好恶的，只是没那么强烈，他们也不愿把倾向性表露出来，让别人为难，所以宁可采用含糊其辞的说法。

▲ 作为朋友

绿色性格是其他性格的百搭伙伴，不论是想一出是一出的红色性格，还是沉默寡言的蓝色性格，甚至是孤家寡人的黄色性格，都会在某些时候需要绿色性格这样既省心又没任何要求的陪伴者。绿色性格自己在生活中愿意被领导、被别人决定和引导，但假如没人陪，他们也可以很好地自生自灭，沿着熟悉的路径，过着两点一线或三点一线的生活。

∴ **超级免洗垃圾桶**——朋友失恋时，可以找到绿色性格痛哭一场，大大地倾诉一番。绿色性格边听边排毒，听完了就像没事儿发生一样，绝对没有负能量残留。

∵ **陪衬且可打发寂寞**——一起去酒吧或热闹场所，假如带着一个打扮朴素的绿色性格同伴，往往能突出自己的潇洒靓丽，这样做未免有点不厚道，但绿色性格确实发自内心不在乎充当别人的背景墙，暗淡自己，衬托他人。无论任何时候，当其他人都因为忙自己的事情而缺席时，绿色性格随叫随到，让孤独的人感到温暖无比，虽然绿色性格不擅长制造快乐，但他绝对不会给你带来痛苦和烦恼，更重要的是他们的耐心一级棒，陪你多长时间，他们都不会觉得无聊。

∵ **替身**——上学时，作业做不完，绿色性格的好友可以替你做；工作时，差事应付不来，绿色性格的好友可以帮你查资料、写报告；相亲时，万一看不上对方，发个暗号给绿色性格好友，他会随时出现，替你抵挡。绿色性格的随和让他具有了贴心的特质，交上这样的朋友，就像拿到一块免死金牌，什么事他都可以替你去做，且毫无怨言。

◢ 作为家人

绿色性格是常年宅在家中的沙发土豆。家有绿色性格，如有一宝。

因为绿色性格不占地方，不和人发生冲突，堪称节能环保。如果家人有需要，只要不超过他的能力范围，他都愿意效劳。绿色性格的孩子即便受到家长的严厉训斥或打骂，也几乎不会有离家出走的行为。事实上，在家庭冲突中，即便一开始，你对着绿色性格发泄，没一会儿，你自己就没劲了，因为一场没有对手的比赛无法进行下去，绿色性格会用他懵懂而无辜的眼神看着你，直到你体会到"一拳打在棉花上"没有着力点的感觉。

∴ 在家庭中，绿色性格总是竭力避免与周围的人发生冲突。一位绿色性格的朋友告诉我，从小，他的爸妈就经常争吵，他妈妈总是指责他爸爸做不好一切事情，而一旦遭受指责，他爸爸就会情绪化，家里就会爆发一场大战。所以，这位绿色性格的朋友每当看见爸爸有些做得不够好的事情时，就自动为他掩饰，譬如他用一个有缺口的杯子喝水很多年，每当妈妈的目光投注过来，他就把缺口掩住，不喝水的时候，就把杯子小心地放在碗橱的最里面。因为他知道一旦妈妈发现杯子有缺口，就会指责爸爸洗杯子时不当心把杯子碰坏了。

∴ 绿色性格能为家人做的最好的事，就是尊重家人的一切决定并配合家人去实现他们希望的目标。一位朋友告诉我，他曾经很恨他绿色性格的父亲，因为在高考填报志愿、是否出国、是否回国找工作，这几件关乎人生命运走向的大事上，每当他请求父亲给予意见时，父亲总是说："你自己选择，你选什么都可以，我都支持。"而他因为不懂如何选择，走了一些弯路。若干年后，当他遇到更多的事情，当他发现某些家庭因为父母过于执意要让孩子按照自己选择的路走，发生了很多不幸的事情后，他才意识到绿色性格的父亲对于自己的不干涉、无条件支持，其实弥足珍贵。

❖ 绿色性格成家以后，容易在另一半和父母之间左右为难。因为他没有太多的主观意识，觉得怎样都行，但当另一半和他自己的父母都不是绿色性格，双方的意见难免存在分歧时，他无法做出决定支持哪一方，这将会让局面更加难分难解。

Green
画像速写

情感画像：无欲无求，配合、顺从，占有欲不强

自我形象：自我要求低，存在感低，不太在意形象，容易自我放弃

沟通特点：不懂拒绝，不给负面评价，含糊其辞

作为朋友：百搭伙伴，超级免洗垃圾桶，陪衬且可打发寂寞，替身

作为家人：避免冲突，无条件支持，左右为难

2

Chapter

不同性格的
婚恋观

>>>

01.

红色性格的婚恋观

红色性格在恋爱和婚姻中，最在意的是拥有对方的关注和欣赏，同时能够充分地做真实的自己。说白了，就是既想让对方能围绕着自己，又不想失去自己的自由。

❀ 恋爱观

红色性格在生命中一直寻求跃动和变化，因为对于变化的强烈向往和对新鲜的追求，红色性格常在二人世界中创造浪漫，时不时制造出意想不到的小插曲，并且以此为乐。对红色性格而言，他们要尽量使生活和爱情有趣且有活力，否则生命毫无意义。对红色性格来说，在恋人生日时假装不在家，等对方开门后从暗处冲出来大喊"生日快乐"这类给惊喜的做法是家常便饭，对他们来说，只要有情感在，就有各种层出不穷的创意和点子。

红色性格需要"被给予"，他们需要另一半的关注、赞扬和喜爱，他们渴望同时拥有这一切。他们需要经常彼此互动，否则会有很重的压抑和不快乐。很多红色性格在恋爱后，在依赖恋人和向往自由之间纠结，有些红色性格会抱怨"恋爱后就没有了自我"，并且深以为恨。

红色性格是花蝴蝶，也是水仙花，当感到自己被欣赏和认可时，他是最幸福的。他像海绵，而赞美是水分，当海绵吸饱水时，是快乐的、膨胀的，而当水被放掉，或长时间处于缺水状态时，是干瘪的，失去了神采，变得丧气且没自信。

41

对红色性格的恋人而言，眼睛的凝视很重要。你需要坐下来，看着他们的眼睛，听他们说话。不要打断，也不要环顾四周，让他们倾诉完他们想说的话题。很多时候，他们需要的仅仅只是一个宣泄和说话的渠道而已。他们对于那些听他们耐心说完，且表现出极大兴趣的人，总是有很大的好感。如果你能经常这么做，他们对你会更加情意绵绵而长久。

红色性格的内心渴望被爱，并且希望对方能毫不吝啬地表达出来，就像孩子说"爸爸，我要你爱我!"红色性格总是抱怨说"你到底还管不管我?"其实就是一种爱的索求。你大可以反复告诉他"你真可爱、聪明、有魅力、诙谐、有创造力……"他们永远都没有满足的时候。无论是孩子还是成人，红色性格似乎对用肢体上的接触来传达友好和亲密情有独钟。

红色性格女人在情感上的一个代表是吉普赛女郎卡门[1]，卡门享受爱情却又无休止地追逐爱情，最后，她对爱人说"你可以杀死我，但卡门永远是自由的"。红色性格男人在情感上的一个代表是贾宝玉，浪漫而理想主义，可以为情而生，为情而死，他的格言是：只要与姐妹们在一处，就是化烟化灰也是甘愿的。

总体来说，红色性格不记恨，即便在分手时因巨大的情感动荡产生了强烈的爱恨，但只要时间过去，对方不再具有主宰他情绪的能力，他对前任的看法就不那么极端了，加上他们性格本身并非一定要战胜别人，也不是那种无法从仇恨中走出来的人，故而，他们也是在分手后最容易原谅对方的。

---

[1] 卡门：法国现实主义作家梅里美创作的中篇小说《卡门》的主人公。

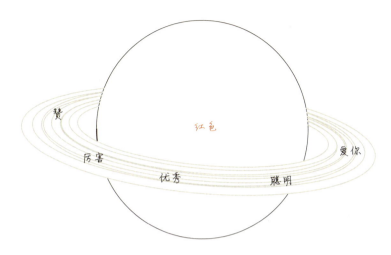

红色性格：以他为中心，围着他、赞他、捧着他、爱他

❤ 婚姻观

　　红色性格内心强烈期望他们的婚姻是有激情的，而非两条死鱼，一潭死水，当婚姻生活没有悸动，只有左手摸右手的麻木时，他会对此沮丧、不安和恐惧，无论传统文化再怎么强调从一而终的美德，都不能阻挡红色性格内心深处对于情感互动的强烈渴望，这是他们与生俱来的核心需求。故而，因婚姻生活不满而红杏出墙的男男女女中，以红色性格居首。在这个问题上，蓝色性格会因规则和道德感牢牢地自我束缚，黄色性格会视出轨最终付出的代价是否值得而定，绿色性格本身就害怕麻烦、懒得变化，唯独红色性格，内心实在无法忍受没有生命力的婚姻。

在婚姻中，红色性格特别需要被赞美。红色性格对赞美的渴求以及原因，我的第一本书《色眼识人》中的"马屁论"中已经详细说明。由于进入婚姻的围城，有些红色性格可能会产生更多的不安全感：担心自己不再像单身的时候那样有魅力，担心对方不再像恋爱时那样宠爱和呵护自己。所以，来自伴侣的赞美极为重要。也许你习惯的赞美句式是："如果你……就更好了"，这远远不能满足红色性格的渴求，他们希望的是《老友记》中罗斯对瑞秋说的那样："当我每天早上醒来，意识到我居然正和瑞秋在一起，我忍不住要对自己说'哇，这简直是奇迹般的美好!'"

如果你的伴侣是红色性格，不要忽视他想要"出去走走"或想和朋友聚会的要求。当红色性格不能经常同朋友外出时，他们会觉得自己像一个笼中的动物，所以，给他们充分的自由是很重要的。很多时候，如果你忽视了红色性格伴侣想要出去的需求，以爱的名义把他束缚在家里，会让他内心有强烈的反弹，也会成为日后你们关系的隐患。同时，如果你希望你们的关系是甜蜜的，你需要时常给你俩计划一些特别的活动或旅行，一起出去走走。

如果你自己就是一个红色性格，记住，满足你的情感需求要花掉很多时间和精力。其他性格的伴侣可能没很多的时间和兴趣来满足你的需要。如果你老是缠住你的伴侣不放，要他们来赞美你的话，可能会让对方反感。你要随时提醒自己，你的伴侣也有他自己的需要。

有一种红色性格可能除外，因为曾经沧海，婚前早有无数折腾，实在累得动不了，有心无力，故而，开始向往宁静的美好，也只有这时，他们才可能体会到绿色性格的好，除此之外，他们宁可和其他性格的异性持续冲突，也无法想象自己和一个没有任何激情的绿色性格生活会是多么无聊。不过，没经历过什么情感波浪，也没体验过什么生活磨练的红色性格，是永远无法理解绿色性格的好处的。

Red
画像速写

恋爱观：寻求跃动和变化，追求新鲜，爱浪漫，
需要被关注和欣赏，渴望自由，渴望被爱，不记恨

婚姻观：婚姻生活要有悸动，需要被赞美和认同，
主张充分的自由

02.
蓝色性格的情感画像

蓝色性格理想的恋爱与婚姻，是两个人无声地相互陪伴，就像奥斯卡获奖影片《水形物语》中哑女清洁工与鱼人之间的恋情一样，纯粹而静谧，两人偶尔用手语交流，多数时候，只是深情地相互凝望和相互抚摸。

▶ 恋爱观

蓝色性格善于观察，他会由外而内地观察那些引起他注意的异性，去体会两人之间的每个细节是否合拍。就像《简爱》中简爱对罗切斯特的评语："我天性中每一个细微的纤维都感到满意。"蓝色性格希望他的另一半是有内涵的、可以去探究和交心的、与他达到"闻弦歌而知雅意"的知音。既是爱人也是知己，那便是蓝色性格所期待的爱情最好的样子。

蓝色性格的爱情代表作是《天鹅之死》。纯洁的天鹅公主看着心上人被黑天鹅抢走，发出痛苦的哀鸣。中了魔法的天鹅公主，无法说出真相，只能痛苦地舞着，旋转着进入死亡。这个故事暗示着蓝色性格在爱情出现问题时，最容易面临的不幸是——我无法说出我内心的痛苦，希望你能够了解我，如果你不了解，那我只有痛苦地缄默。

蓝色性格可以长久停留在单恋的状态，事实上，单恋更容易成为一种完美爱情的示范。许多以蓝色性格为主角的爱情小说或电影里都刻画了蓝色性格单恋的形象。譬如，《一个陌生女人的来信》中的陌生女人、《嫌疑人 X 的献身》中的石神等等。但是，理智如蓝色性格，他很清楚地知道完美的理想对象不可得，两人相互知心的情感才能长久。只是蓝色性格对于开始一段恋爱，就像做出一个人生最重大的抉择，会无比谨慎，因为蓝色性格太相信凡事有始必要有终，因此，排斥"摸着石头过河"的边谈边看的恋爱方式。

当蓝色性格失去所爱之后，他会长时间沉浸在这种悲伤的回忆中，甚至无法接受一个新的恋爱对象，他们也会在心目中幻化那个已经不可能回来的爱人，将之视为自己的理想择偶对象，这更加减少了缔结新欢的可能性。

"请支持我，不要取笑我，给我多一些安静独处的空间。"这是蓝色性格想要对伴侣说的心里话。蓝色性格需要知道"你是站在他这一边的"。如果你和他们开玩笑或取笑他们，他们就会很容易受伤。当他们情绪低落时，不要直接去问蓝色性格："你怎么了？"而应该说"我感觉你受伤了，我就在这儿一直等着，我会等到你想要告诉我的时候。"作为恋人，蓝色性格更需要对方润物细无声的支持，而毋需口头上"我们会怎样"或甜蜜或豪迈的话语，那些话，红色性格听上去会觉得很暖心激荡，但对蓝色性格完全没用。

和红色性格需要倾诉的特性相反，蓝色性格需要他们自己的空间。他们希望知道今天做了些什么，明天还有什么要做的。所以，当你和蓝色性格恋爱时，务必要了解他们的生活空间，并且尽量不要打扰他们。蓝色性格痛恨嘈杂混乱，他们需要一个可以暂时逃离喧嚣的空间，就像电影《2046》中梁朝伟把秘密告诉树洞一样，请你尊重他们的这种愿望，并且不要打扰他们。

蓝色性格：心灵和思想的合拍，高级！

▶ 婚姻观

　　蓝色性格是最有可能接受柏拉图式恋爱及婚姻的，对他们而言，精神的默契和合拍排名第一，甚至可以完全取代肉体的快感。因为情感的专一和近乎洁癖的要求，他们一旦在恋爱或婚姻中遭遇背叛，或发现对方有可能背叛自己，心中都无法忽略。因为蓝色性格有强烈的公平需求，一旦发现对方有婚外恋，他们会认为这种巨大的伤害对自己是不公平的，所以，相比其他性格，他们更没可能释怀。但蓝色性格要想舍去一段感情，或放弃婚姻，也是四种性格中最难的。

　　蓝色性格之所以单身，大多数是抱着"宁缺毋滥"的想法，他们拒绝将婚姻视为等价交易的商品，骨子里的清高让他们很难像红色性格那样追求快乐，也很难像黄色性格那样目标导向，更难像绿色性格那样彻底地无所谓，所以，他们时常只能与孤独为伴，等待着那个"唯一"的出现。

一旦走入婚姻，蓝色性格会以不张扬的努力，让婚姻更加坚实可靠。就如同建造一所房子，蓝色性格是那个打地基的人，他会为婚姻这所房屋提供牢固的保障，并且时刻关注伴侣的需求。一位红色性格的朋友告诉我，她和蓝色性格的老公结婚多年，老公认为用冷水洗脸有助于健康，所以坚持用冷水洗脸。每天早上都是蓝色性格的老公先洗脸，然后她洗。当他们搬进新房子后，有一天她忽然留意到，早起去洗脸时，水龙头朝向热水的那一边，于是她开玩笑说："你也坚持不住了，改用热水了吗？"蓝色性格老公淡淡地说："热水龙头刚打开的时候，出来的是冷水还是热水？"她这才反应过来，原来过去这一年里，都是蓝色性格老公用热水龙头把先出来的冷水用掉，以方便她洗的时候刚好用上热水，这让她无比感动。

蓝色性格的基本诉求，是把所有安排好的事都做好。假设你的伴侣是蓝色性格，如果你的干扰使他们无法把一些事及时完成，他们会感到无法忍受。所以，请尊重蓝色性格的日常安排，不到十万紧急，不要去打扰他。如果有可能，尽量遵守你蓝色性格伴侣的时间表，这会让他减轻压力。

如果你本人就是蓝色性格，你需要认识到，没人能够永远把一切事情做到最好，生活并不总是十全十美的，当你的伴侣没有按照你的时间表来执行时，并不一定都是他们的错。有时候，时间或者环境可能不允许别人按你的方式完成事情，但这不是说他们不爱你。永远记住——我们生活在一个不完美的世界里，你不可能总是按照你希望的那样去生活。

Blue

婚恋观速写

恋爱观：善于观察细节，是爱人也是知己，有始有终，失恋会长久悲伤，润物细无声地支持，渴望独立空间

婚姻观：追求精神默契，情感专一，对感情不容易释怀，默默努力为家庭提供保障，安排好所有事情

03.

黄色性格的情感画像

> 黄色性格坚定地认为，最好的恋爱是可以让彼此共同成长的，最好的婚姻是能够让彼此发展强大的。不能同利，岂能同行。就像舒婷的《致橡树》这首诗中写道："我如果爱你——绝不像攀援的凌霄花，借你的高枝炫耀自己；我如果爱你——绝不学痴情的鸟儿，为绿荫重复单调的歌曲；也不止像泉源，常年送来清凉的慰藉；也不止像险峰，增加你的高度，衬托你的威仪。甚至日光，甚至春雨。不，这些都还不够！我必须是你近旁的一株木棉，作为树的形象和你站在一起。"

🧍 恋爱观

黄色性格不像红色性格和蓝色性格，一生都难逃情感的羁绊，黄色性格的一生很难被情感所左右。黄色性格的情感需求，相对来讲，更加实际和直接。作为恋人，他们并不需要你每天甜言蜜语。如果你要送礼物，最好送他实用的东西，而不是表面好看却没任何用处的花哨物件，那反而会让他觉得累赘。当然，你送的东西的品质和价值一定要高，因为这代表了在你心目中他的分量有多少。

黄色性格大多持有"只有成为更好的自己，才配拥有更好的伴侣"这样的观念，于是，他们会花很多时间和精力投资自己，他们既要成就事业，也想成就婚姻，对于黄色性格而言，婚姻也是他们追求的另一番事业，但是，黄色性格的安全感绝对不会依附于某段感情或某段婚姻，而是完完全全来源于自我成就感。他会拒绝所有"不合适"的异性，不屑玩暧昧，对他来说，玩暧昧实在是太浪费自己的时间，有这些时间不如多去做些事。

黄色性格经常会被伴侣投诉"冷酷无情"。但是，各花入各眼，与黄色性格谈恋爱，你可以落落大方，直白简单，不矫情，不做作，不用绞尽脑汁玩猜心，不会天天上演偶像剧撕心裂肺的桥段。

如果黄色性格被对方提出分手，除非这人对他的事业尤其重要，他会努力挽回，否则，他们通常不会低声下气去苦苦挽留，而会果断决绝昂起骄傲的头转身就走，并暗暗发誓，从今往后，一定要活得更漂亮，非要让那个离开他的人高攀不起。但更重要的是，他们的目标系统无比强劲，而他们的感受系统并不发达，所以，他们瞬间就可以从失恋的痛苦中走出来，向前看，而非停留在原地回味和咀嚼往事。

驯服黄色性格女人的男人，通常是那些能驾驭她们的强人，何为强人？也就是各方面都比她厉害，她可以从他身上吸取更多养分的人，这个人必须让她心悦诚服，觉得跟他在一起，自己可以学到很多，成

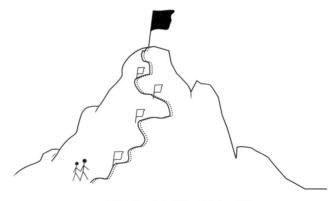

黄色性格：山在那里，找个人一起登

长很快。黄色性格女人的爱，必须有"崇拜"做基础，如果她们不觉得这个男人有比她强的地方，可以肯定的是，她们无法产生爱。

黄色性格是征服者，他们渴望征服一座又一座的高山，但当高山被踏在脚下，一切一览无余时，这些对他们而言就失去价值了。除非你是一座可以不断生长的高山，让他们永远有更高的旗帜可以去攀折，更多的风景可以欣赏。

📌 婚姻观

黄色性格内心最基本的需要就是掌控。如果你发自内心能理解这点，你和黄色性格的爱情或婚姻，你不仅不用担心会有太多烦恼和痛苦，反而会享受他们这种爱你的方式。如果你不明白掌控是决定他们一生是否快乐的内心关键；如果你不明白对于他们而言，爱情和婚姻也是需要掌控的人生的一部分，而你也是其中之一，你的人生将在争吵和斗争中度过。当你明白黄色性格内心的需求时，你就会知道"控制"只不过是黄色性格一种处事的方式，他们需要有事情可以让他们来定夺，提供一些空间让他们有机会去实现控制欲，理解这一点是你和黄色性格婚姻美满的基础。

黄色性格在周末拖地板的快乐和需求，远胜过坐在沙发上看电视。他们热爱干活，不喜欢浪费时间，同时也希望别人跟他们一样精力旺盛。黄色性格和绿色性格在婚姻搭配中成为人生伴侣的概率最高，原因我在《色眼识人》第十章"黄男娶绿女做老婆的原因"和"黄女抓绿男做老公的理由"中早已仔细阐述，最重要的就是——容易控制和影响。

黄色性格在拖到不能再拖时，往往要么以现实条件理性选择婚姻，要么干脆嫁给事业。当武则天还是一棵小草的时候，她顺着王者的脚印落地生根，不断吸氧茁壮成长，当她长成参天大树时，她便有了养后宫三千男宠的霸气，正如黄色性格女人的至理名言：毋需嫁豪门，我就是豪门。不过，也正因为他们表现得太强，常常不明白"刚易折，柔恒存"的古训。

黄色性格想从你身上得到感谢，希望你感谢他们为你做的一切，并且为你做了很多。你们需要什么，他们就为你们做什么。他们希望你发自内心地感激，并且承认他们的能力："真不敢相信你把这些全做完了!"这样的表达方式，会让黄色性格很有成就感并且内心感到满足。但不要以为黄色性格喜欢没完没了地听溢美之词，夸张的赞扬会让他们感觉虚假，他们更希望你用行动来表示认同和感谢，譬如，当黄色性格给你提出一个建议时，你要切实去执行，取得好的效果。再来反馈给他："那天要不是你建议我……也许我现在还不能……现在我能够有这么好的……完全是因为你的功劳!"这样的感谢，会让黄色性格觉得自己的建议很有价值，并愿意更多地靠近你，关注你的需要，给予他能给你的帮助。

Yellow
婚恋观速写

恋爱观： 实际和直接，追求共同成长，喜欢征服，欣赏强大的人

婚姻观： 控制欲强，精力旺盛，希望付出得到发自内心的认可

04.
绿色性格的婚恋观

许官人，你未娶，我姐姐未嫁，不如你俩就结为夫妻好了！

也可以。

幸福来得真是突然

> 绿色性格理想的恋爱及婚姻，就是两个人细水长流
> 地一起过日子。最好彼此之间都没任何要求，也不需要
> 整天出去以神仙眷侣的形象示人，活得轻松惬意最重要。
> 每天一起做做饭，买买菜，平淡之中自有隽永，这就是
> 绿色性格的理想生活境界了。

🔺 恋爱观

绿色性格对理想的伴侣没有明确的要求，如果你一定要追问他，他给你的答案很可能是"各方面都还行""看起来不讨厌""习惯就好"这样模棱两可的答案。绿色性格的不挑剔，并不意味着任何人都一定适合他，虽然绿色性格对恋爱对象没太大要求，但如果对方有强烈的让他感到难以实现的要求，他多半会"惹不起，躲得起"，渐渐淡出对方的生活。

绿色性格的核心需要就是平静稳定地生活。他们避免争吵，讨厌做决定，逃离争议，不惜一切代价寻求和平与安静。与其他性格不同，因为他们在天性中不容易引起人们的重视，在四种性格中他们是配合者的角色，他们低调随和又没有蓝色性格那么难伺候，故很容易被人忽略，即使在恋爱关系中也是如此。

如果你的恋人是绿色性格，为了激励他，使他更自信，你就必须知道怎么满足他们的情感需要。在你的爱和关心下，他们会适当增

添自信和影响力，那么，他才会逐渐发展成一个安静有力的爱的守护者。

绿色性格期待人际关系永远是和谐的，完全没有冲突，生活没有压力。

与黄色性格（在压力下也能不停地工作和学习，并能把事情做到最好）完全相反，绿色性格需要生活中经常休息一下，而非一直不停地行动。他们的潜意识里，似乎总在找把凳子，"如果我能坐几分钟……"当被卷入一场激烈的活动时，他们甚至会懵头转向，无所适从，所以，当你和他们相处时，千万不要强迫他们。如果你想要他们前进，请把事情说得简单些，让他们知道你会在旁边随时伸出援手，这会大大减轻他们的压力。绿色性格并不是懒惰，他们只是不喜欢有压力，如果有选择的话，他们宁可选择不做任何事情。

绿色性格需要实现自我价值。

他们中的大多数在小时候就总被家长忽略，因为家长总是更多关注那些有要求的孩子。在孩子成长的过程中，这滋长了绿色性格消极的态度，并拉低了他们的自我价值感。他们知道手不要乱放，东西不要乱吃，话不要乱说。他们不像红色性格那么活泼可爱，不像黄色性格那样有目的，不像蓝色性格那样情感深刻。他们可能会被动接受一些自己并不怎么喜欢的东西，当你和他恋爱时，你很难从他那儿得到任何明确的意见和想法。他们会说"我不在乎""没关系"和"随便你想做什么"，但是，他们确实需要有人鼓励他们建立起自我价值感，分享内心真正的想法。

在恋爱关系中，绿色性格也希望被恰如其分地重视，而非仅仅只是因为他们没发表意见就被完全忽略。

　　一个绿色性格曾跟我说："在我的女友眼中，我就是一件家具。"作为伴侣，你应该鼓励绿色性格参与相关的决策讨论，即使他看上去并不在意。听取他们的意见，不要打断或忽视他们的评论，让他们知道自己的重要性，你们的情感才会向良性的方向发展。

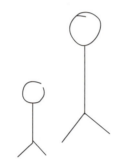

绿色性格：不离不弃，都依你

📗 婚姻观

　　绿色性格什么都可以的心态，使他们在择偶上不会挑剔和要求。绿色性格年龄趋大时，会受到外界环境的影响，譬如家庭直接的催促，在这种情况下，他们通常抵挡不了压力，为省掉麻烦，也为了让自己清静，同时让别人也不至于为了自己担忧，他们会比较快地做出决定。

　　绿色性格的女人符合传统价值观中温良恭俭让的特点，所以，容易被视为理想妻子的人选。但也正因为性格过于被动，她们往往会失去一些争取自己幸福的机会。

在金庸小说《笑傲江湖》中，深爱令狐冲的仪琳小师妹就是因为有很多绿色性格的成分，太为对方考虑，所以一直没有表白自己的感情。

当然，这种性格在另外一种情形下，可能反而会变成一种优势，就像《鹿鼎记》里的双儿，因为双儿温柔体贴、平和包容，越来越让韦小宝喜欢和难以割舍，最后，在韦小宝的七个老婆中，无论是绝世美貌的阿珂，还是权势滔天的建宁公主，都无法与双儿相比。双儿从一个被送作礼物的丫鬟，变成韦小宝最心爱的老婆，其实与她的性格有很大关系。

绿色性格的不挑剔和宽容平和，让他们较少选择离婚，他们几乎不会主动提出离婚。绿色性格实在怕麻烦别人，没有天大的事，通常是能过就过，能忍就忍，不愿把自己的苦事讲给朋友听，他们想通过时间来改善某些事情的状况。在被逼无奈、不得不离婚时，绿色性格如果学不会坚强和自立，以后的路就会很惨。绿色性格如果有婚外恋，对方也绝少同样是绿色性格。如果这个外遇是一种富有推动力的性格，绿色性格有了可依靠的后盾后，在行动上会增强，反之，必然继续已经习惯的得过且过的生活模式。

如果你是一个绿色性格，记住，当你没有对别人说时，别人是很难知道你的需要的。你安静的个性使你和别人相处得很平静，但是它

61

也会妨碍别人想了解你。鼓励自己更多地与别人交流，讲出你的需要。向你的伴侣讲出需要，可能会导致矛盾的产生，但如果你持续做不真实的自己，将付出更大的代价；也许当你开始运用性格色彩自我修炼时，你会发现一种更有意义更快乐的方式。

Green

婚恋观速写

恋爱观： 细水长流，平静安稳，低调随和，易被忽略，和谐无冲突，
    被恰如其分地重视

婚姻观： 不挑剔，包容，温良恭俭让，逆来顺受

和不同性格
恋爱须知

>>>

恋前

01.
写给不懂女人的你

女人到底会选怎样的男人？

　　"男人不坏，女人不爱"，这句话到底是对还是不对？这个问题，给男人的困惑是，女人到底是爱"好男人"还是"坏男人"？男子求偶时，禁欲系和不羁哥这两种扮相，到底哪种更吃香？我到底应该去做个"好男人"还是"坏男人"？

　　女人对此的困惑是，当她们游走在"好男人"和"坏男人"之间，带来稳定踏实的"好男人"和提供刺激浪漫的"坏男人"，到底选择哪个作为终身伴侣？

　　回答此问前，还是应该先搞清楚到底什么样的男人是"坏男人"。

　　"好男人"，在婚恋市场，大众的定义通常是非常遵循道德和世俗的规范男人，他们举止有度，大度能容，不乱花钱，不会背叛……"坏男人"是那些不遵循道德和规范的人吗？非也，"坏男人"泛指那些笑起来坏坏的，处世圆滑，懂得怎样讨好女子、撩拨技巧高超的男人。前者百米之外，闻上去就是良民，后者侧耳一听，就充满邪恶。

　　电影《全民情敌》里，男主角在酒吧，看到一个美女被一大帮高富帅围着，他泡不到，就用了一个套路，跑过去丢给那个美女 100 块钱，说，服务员，给我来两杯咖啡送到那边的桌子上，然后转身就走，那个美女立刻就追过去，说我不是服务员，难道我穿得像服务员吗？男主角就说，我知道你不是，但如果我不用这一招，怎么能把你这位美女从那群人里面单独约出来呢？然后露出一脸坏笑，那个美女嫣然一笑，就开始跟这个擅长套路的男人聊了起来。

你看，所谓"坏男人"，并非说他就是不尊重你，甚至直接侵犯你的人，而是维持在一个度的情况下，主动撩拨你，但这个"度"其实很难掌握，如果你可以将这个度掌握得游刃有余，猎艳无双，那你就是一个标准的"坏男人"。可做到这点谈何容易，张爱玲早就说过："如果你不调戏女人，她会说你不是一个男人；如果你调戏她，她又说你不是一个上等人。""如此，做男人就难了。男人们只好选择：宁愿不做上等人，也要先做个男人，哪怕是个'坏男人'。"

● 从社交看性格

是不是所有的女人都喜欢"坏男人"？这要取决于这个女人的性格是什么。

打个比方，在陌生场合聚会时被一个条件还不错的男人搭讪，不同性格的女子有不一样的反应。下面是一个测试，看看哪个与你的第一反应重合度最高，猜猜她们对应的是哪个性格色彩的人。

A　配合。因为在公众场合，即便对于陌生人，她也会给你面子，不会让你下不来台，更有可能的是嗯啊支吾一番，含糊离开，之后，心中了无痕。

B　窃喜。无论表面是回应这个男人还是训斥这个男人，心里总归有一丝丝感到自己得到认可，说明自己还是有魅力，其实是开心的，当然如果这个男人太锉，对她来讲，也实在会生气，怎么会招这种烂桃花呢？

C　无视。因为她会本能地评估每件事情的价值，类似这种搭讪，花费时间心思去搭理纯属多余，如果她看上一个男人，自会想办法接近；如果看不上，对方再怎么撩，也撩不动她。

D　不安。难道是因为自己不小心给对方暗示了吗？为什么冲着我来呢？他到底想干什么？即便此人一表人才，这样一种贸然的追求方式，她心里也会给对方打上一个叉。

你自己选择的是：_____

四个人对应的不同性格色彩是：

A._____色　　B._____色　　C._____色　　D._____色

正确答案：A.绿色性格　　B.红色性格

C.黄色性格　　D.蓝色性格

总的来说，四种性格中，每种性格对"好男人"和"坏男人"的取舍和喜好有很大差异。

♂ 黄色性格女人 —— 不以"好""坏"为择偶标准

黄色性格的女人会爱上"坏男人"吗? 取决于这个男人对她有没有用。黄色性格的女人,会把婚姻当作人生重要的事业来经营,所以,如果对方拥有自己无法抗拒的条件,可以帮助自己更好地成长,即便他坏一点,又有什么关系呢? 而且黄色性格的女子很有自信,在她们看来,这个看起来有点玩世不恭的"坏男人",在自己的陪伴和影响之下,终有一日会变成安稳的"好男人",而且她无比坚信,自己可以打跑任何一个试图抢他的其他女人,所以,这个男人的好与坏并不是她考虑的范畴,她在乎的,只是这个男人能不能帮助她更好地成长,让彼此都变成人生的强者,成为坚实的组合。

▲ 绿色性格女人 —— 被动接受

绿色性格对啥事儿都没个绝对,择偶要求也没那么多,所以,对方是"好男人"还是"坏男人",这不重要;自己到底要"好男人"还是"坏男人",也不知道。在她们看来,这是两个都可被接受的选项,如果这人是个"好男人",足不出户,两人在家洗菜做饭看电视带娃,终此一生,这就是生活,甚是满意;如果这人是个"坏男人",当初开车把她拉到小山上壁咚,也就从了。即便婚后瞎折腾,绿色性格也不主动问询,万一对方在外把另一个女人肚子搞大了,换作其他性格早就翻脸不干了,但是绿色性格只会默默接受离婚,然后哀叹,老天注定我要碰上这个"坏男人",这就算我的命吧。

▶ 蓝色性格女人 —— 不喜欢"坏男人"

蓝色性格的女人不喜欢"坏男人"的核心原因有二：

第一，她们天性中就有"度"的概念，不论是谁，都不能逾越她自己定下的这个尺度：你要是在我的面前越过这个尺度，我将视你为对我的不尊重，更麻烦的是，蓝色性格不但有度，而且能接受的度还特别低，所以，当一个"坏男人"第一次见面若与她有肌肤之触，她就在内心认为这是个轻浮的纨绔子弟，肤浅好色，绝不可以再给任何接近的机会。

第二，蓝色性格最追求安全感。一旦恋爱，基本奔着婚姻而去，但当她看到眼前这个男人整天油嘴滑舌，耍心机，在外面聚会，跟其他女人也很亲密无间，内心就会升起强烈的危险信号，且会主观无限放大将来麻烦的可能，她的安全感会在对方一个小小的举动面前瞬间崩塌：怎么可以忍受这个男人在自己人生中出现一辈子呢？蓝色性格的她们会觉得如果是这样一个毫无安全感的"坏男人"拉着自己步入婚姻殿堂，实在是太不安全了。

▶ 红色性格女人 —— 喜欢"坏男人"

古龙小说《绝代双骄》里有对双胞胎——江小鱼与花无缺，前者在恶人谷长大，恶人谷里基本都是土匪流氓二流子，所以，江小鱼长大之后，坑蒙拐骗样样精通，看到个小姑娘，亲个嘴儿啊，摸个脸蛋儿啊，家常便饭，你一看他，就知道是个典型的小混混和"坏男人"，而花无缺在移花宫长大，里面清一色的女人，而且整体环境扮相很有文化，所以，花无缺长大后，如他名字一般，没有缺点，拿个扇子风度翩翩，谈笑举止极有分寸，说话高雅，毫无市侩，你要是一个女人，跟他身边同睡破庙，孤男寡女共处一榻，天赐良机，他也男女授受不亲，这就是大家眼中的"好男人"。

可奇怪的是，你会发现，最终小说里面喜欢江小鱼的女人反而更多。看过这部小说的女人，绝大多数也最喜欢他，为什么呢？就是因为他表面邪恶，懂得耍手段讨好女生和适度调戏女生，内心却如孩子般的善良纯真质朴。如果你本身是一个红色性格、追求快乐的女生，和江小鱼在一起，你每天都会很开心，每天都能体验到刺激的感觉，根本不用担心恋爱中会有平淡，时刻都是高潮，和这样的男人，哪怕每天露宿街头，饥肠辘辘，于仇敌追杀之中浪迹江湖，你也觉得，"即便一天，此生足矣！"

再看电影《泰坦尼克号》，你会发现，其实杰克就是个像江小鱼那样的"坏男人"，而露丝的未婚夫卡尔算是"好男人"，但是露丝嫁给他，完全是为了解决自己家族衰败的现状，哪怕这男人再好，即便再送给她一筐"海洋之心"，她也根本不会爱上这个男人。可是杰克不一样，穷小子带她疯狂跳舞，教她吐痰，裸体作画，你若是蓝色性格的姑娘，你会对这种撩妹手段鄙夷唾弃，在蓝色性格看来，真是低俗无耻不入流，但是，这对红色性格的露丝来说，这种体验是人间仙境啊，颠覆人生啊，不枉此生啊，即便是短暂的相处，也成了她这辈子最美好的回忆。

我在我的第一本书《色眼识人》中早就说过，性格无国界，不管是东方人还是西方人，不管是什么肤色，都遵循性格色彩的逻辑。美国新墨西哥大学的一项研究表明，那些自恋冲动、追求刺激、爱撒谎、冷酷以及喜欢耍手段的"坏男人"，在被调查的美国女性中，竟然受70%的女子的喜欢，而后来美国伊利诺伊州布拉德利大学又对全球57个国家的3.5万名女性做调查，发现结果高度一致。

为何会得出这样的结果？我的推断是，愿意配合调查的女性绝大多数也是红色性格。因为红色性格内心开放，愿意分享自己的真实感受，喜欢有趣，所以，她们当然愿意配合做这样好玩的实验；蓝色性格不愿意分享自己的内心；黄色性格也觉得配合调查对自己没啥好处，毫无意义；绿色性格只有在别人推动的情况下，才会被动参与。

你试试看，如果有一天，调查的是一群蓝色性格的女子，断然不会是这样的结果。所以，这恰恰也就证明，红色性格是最偏向于"坏男人"的，她们爱的就是那种毫无征兆、延续不断的人生体验。

● 选谁，取决于你的现状

现在，你已经知道了在四种性格中，最偏好"坏男人"这款的是红色性格的女子。那么，为什么她们依旧会纠结到底选择"好男人"还是"坏男人"呢？

原因就在于，红色性格女人太贪心了，她们既想要一个"坏男人"带给她们持续不断的新鲜、刺激和高潮感，同时又希望这个"坏男人"在婚后不要用同样的招数对待其他人。也就是，最好只有利益，没有风险，最理想的状态就是：和我恋爱时是"坏男人"，和我结婚后变成"好男人"。

哈哈，想得真美啊，有没有可能呢? 不要灰心，在我看来，大有可能。

乐观地想，很多"坏男人"之所以坏，可能是因为他们太年轻，还没有玩够（"玩"这个字听上去实在是太不正经了，我觉得此处用"体验"二字，会比较精准），也可能是因为你自己是被动的性格，他要是不主动耍些套路，你俩猴年马月才能修成正果呢! 所以，嫁给他没啥不好，随着年龄的增长和婚姻关系的确立，往乐观了想，他会承担责任变成一个"好男人"，往悲观了想，年龄大了他也不会改变。难道已经明确的恋爱和婚姻关系就能绑住他吗?

你会发现，在绝大多数情况下，不论在文学影视作品里，还是现实中，这种理想的情况都很少。而我的观点是，男人对每个女人都坏，是因为他还没有遇到让他变好的女人。倘若你就是他的真命天女，他会为了你，变成一个只在你面前坏的"好男人"。

20 世纪 90 年代，有个被中国影迷誉为纯爱鼻祖的日本连续剧《东京爱情故事》，里面就有一个"坏男人"叫作三上。三上留着飘逸长发，始终叼着香烟，见到谁脸上都露出那种让人无法拒绝的微笑，今天跟这个女人睡，明天跟那个女人睡。而里美是个传统女性，就喜欢这个男人，两人还是小学同学。三上有一天在大街上吻了她，并且当着老同学的面儿宣布"这就是我的女人"，里美觉得眼前这个男人的行为，实在太酷了。但是，几天后，三上就在自己所在的医学院勾上了一个富家小姐，里美质问他时，三上就又用了一个套路，当着里美的面儿，把他的电话簿掏出来，一把火烧掉，说我永远不会再跟其他人有任何来往，里美也相信了他。可是事实证明，这只是逢场作戏，三上还是老样子，后来还被里美人赃俱获，最终，里美嫁给这部剧的第一男主角永尾，因为这个男人是个"好男人"，为人纯真质朴、保守正直，典型的中庸派。

而三上呢？最后娶的就是那个医学院的富家小姐，因为那个富家小姐学过性格色彩，她知道怎么驾驭这个"坏男人"。首先她甘愿做个备胎，明知三上有相好，依旧不放弃等待，而且一旦看到三上在跟别的女人约会，就会选择主动回避，而不是向他撒泼，这让三上内心非常感激。而这位富家小姐因为生活在富豪家庭，所以从小就受到高强度的管束，虽然表面看起来很文静，但内心也总有一颗自由奔放的心，最后，她做了件惊天地泣鬼神的大事，那就是，她本来被安排嫁给另一家大财团的公子，没想到，结婚当天居然做了逃跑新娘，出现在了三上的面前，而这长久做备胎后的临门一脚，恰好是轰击红色性格的三上心门之关键，终于促使三上这位浪子痛下决心，为眼前这个女人拍板下半辈子的人生。

用作者柴门文的话来说："风流的三上之所以风流，是因为他一直没有遇到对的人。"但在我看来，最准确的说法应该是，因为他一直没有遇到能搞定他的人。

既然"坏男人"是把双刃剑，如果你想要寻求恋爱的刺激和惊喜，那么"坏男人"是你的首选，但请你必须学会承担风险，并且好好跟乐老师学一学性格色彩，学会怎么去搞定和驾驭这样的男人；而如果你想要一个稳定的婚姻，我还是奉劝你多考虑"好男人"，他们虽然看起来很无聊，但一定会给你带来《北京遇上西雅图》式的温暖，选择哪个，完全取决于你当下最想要的是什么。

02.
写给不懂男人的你

男人到底会选怎样的女人？

在性格色彩学的很多秘诀中，男女情况都可以相互转化，也就是说，男人女人其实在性格面前都一样，但是在"女人会选怎样的男人"这个问题上，男人和女人掉个头未必成立，毕竟，男女还是有些差异的。

与"男人不坏，女人不爱"这句话相对应的，是"'好女人'上天堂，'坏女人'走四方"，大众在评价这个问题时，倾向性地认为"坏女人"更吃香，但事实上，少有人说得清楚这是为什么。说来说去，就是一些诸如"坏女人"会卖弄风骚，"坏女人"懂得打情骂俏，"坏女人"会若即若离，"坏女人"让男人神魂颠倒，就差没说出来"坏女人进修过素女心经"。进而得出的结论是，男人喜欢和"坏女人"游戏人生，和"好女人"白头偕老，这些说法，只知其一，不知其二，偏颇片面，误人子弟。

和之前一样，在深度探讨问题前，首先还是要先确定下"好女人"和"坏女人"的定义。所谓"好女人"，指的是符合大多数人标准、善解人意、体贴温柔、循规蹈矩、听话顺从的女人；所谓"坏女人"，并非是道德角度的坏，而是敢于打破常人对女人的固定印象、想做什么就做什么、充分释放自己的魅力、活得自我的女人。网上对"坏女人"有三个形容词，野、媚、妖，这很能说明大众对于所谓的"坏"的看法。

历史舆论无疑是向"好女人"倾斜。娥皇女英，共侍一夫，结果，舜去巡视南方没回来，死在外地的消息传来，两人一起投水而死，忠贞不渝，是典型"好女人"的代表。妲己迷惑纣王，把纣王迷得神魂颠倒，是"坏女人"的代表，被公认为是狐狸精的鼻祖。但人家白娘

子也是蛇精变的，为啥能晋升为"好女人"的代表呢? 也许是小说中刻意强化她对许仙的一心一意和她的贤良淑德。武则天从嫔妃转身为帝王，打破了时代对女人的限制，后世评议，这是个不错的皇帝，却是个凶狠可怕的女人。总之，符合"好女人"标准，无论是人是妖，都会在历史上得到颂扬；只要打破了"好女人"标准，跳出了条条框框，势必要承受无数非议。

不过，时代还是在变化的。法国国宝级女作家柯莱特个性超群、随心所欲，死后得到了国葬的待遇。有一次，她一边写作一边随剧团表演，媒体的评价是："笔杆和舞台一把抓，跳舞跳到奶子露出来"，她自己说："如果紧身衣妨碍我，伤害我的造型，我宁可光着身子跳!"她的存在为半个世纪前的巴黎文化界增添了无数活力。那个年代的女权主义者都大喊口号，要独立自由，要和男人一样享受更多权利，可她基本上从不争取，也不喊口号，人家是直接开做，是实干派，甚至直接把十六岁的继子带上了床，因为世俗的道德和规范无法束缚她，这种做派难免遭到"正统人士"围剿，当然被认为是"坏女人"。可是，她的人性通透和温柔又表现在，她曾说："爱一个男人，不是向他索取幸福，只是要一种在他身边生存的可能性，以及对他容忍。"那各位看官，你说说看，她到底是个"好女人"还是"坏女人"呢？

从性格角度分析，"好女人"身上，蓝色性格和绿色性格的特质较多；"坏女人"身上，红色性格和黄色性格的特质较多。当然，这是指原生态的状况。当社会普遍要求女人做"好女人"时，也会有一部分红色性格或黄色性格的女人，扮演着循规蹈矩和听话顺从的"好女人"的角色，但这并非她们真实的自己。

男人到底更喜欢和"好女人"在一起，还是和"坏女人"在一起？也许"好女人"就像张爱玲所说的"白玫瑰"——是圣洁的妻子形象，"坏女人"就像她说的"红玫瑰"——是热烈的情妇的象征。张爱玲认为，男人在这两者之间是纠结的，"娶了红玫瑰，久而久之，红的变成墙上的一抹蚊子血，白的还是'床前明月光'；娶了白玫瑰，白的便是衣服上的一颗饭黏子，红的却是心口上的一颗朱砂痣。"

徐志摩的原配张幼仪算是标准的"好女人"，她出身显赫，听从家人安排，嫁给徐志摩之后，没半分豪门女子的娇气，尽管徐志摩把她当成空气，当成累赘，当成追求幸福生活的阻碍，她依然默默承受，期盼徐志摩会回心转意，直到最后绝望了，听从徐志摩的安排签下了离婚协议书。在那个时代，像她这样的女子被抛弃，是件非常丢脸的事，但她只说了一句："你去给自己找个更好的太太吧！"

徐志摩喜欢的是有新思想的女子，能给他带来美好梦幻感的女子，他追求林徽因失败后，与陆小曼相爱并结合了。陆小曼无疑符合我们所说的"坏女人"标准。年纪轻轻出入交际场，是名动一时的交际花，身后无数男人追求。她的第一任丈夫王赓与徐志摩是同学，王赓因为去外地工作，托付徐志摩照顾自己的老婆陆小曼。徐志摩和陆小曼一起游山玩水，产生了感情，陆小曼为了嫁给徐志摩，就和对自己忠诚专一的丈夫王赓离婚了。婚后，陆小曼继续过着交际花的生活，铺张浪费，她的鸦片烟瘾，也导致两人生活非常拮据。徐志摩为了省钱坐免费邮政飞机，飞机失事，死了。徐志摩死后，张幼仪负担了陆小曼的生活，并且承诺，只要陆小曼不改嫁，会终生给她支付生活费。

其实，"好女人"身上的好，无论男人还是女人都看得到，她们安分守己，永远不会欺骗和背叛你，给人强烈的安全感，但"坏女人"身上总有些特质会吸引男人，她们似乎更有情趣，更刺激，更有种不确定感。

查尔斯与卡米拉的恋情，一开始不被世人祝福。虽然两人最初相识，查尔斯还是单身，但他在与戴安娜的整个婚姻过程中，一直与卡米拉保持情人关系。从世俗的角度，卡米拉是插足查尔斯与戴安娜婚姻的第三者。在世人看来，卡米拉足足比戴安娜大14岁，哪里有戴安娜这种白雪公主的颜值。究竟卡米拉是如何吸引到查尔斯的呢？有些人认为，卡米拉比戴安娜成熟、善解人意，以老女人的魅力征服了查尔斯。除此之外，我们留意到，卡米拉的性格中是有"坏女人"的特质的。查尔斯和卡米拉第一次见面，卡米拉自我介绍时说："我的外祖母是你祖父的情人!"这种富有情趣的撩拨之语，让查尔斯对她留下了深刻的印象。在查尔斯和戴安娜结婚之前，卡米拉已经结婚了。在长达十多年的地下恋情中，查尔斯与戴安娜是已婚状态，卡米拉与她的丈夫也是已婚状态。在与查尔斯的关系中，她始终保持着一种"不确定"的感觉，直到查尔斯在电视访问中，公开承认了自己与卡米拉的关系，卡米拉才与丈夫离婚。

说到这儿，你可能会觉得，"坏女人"比"好女人"要吃香。其实，无论以上说的哪个故事，都只局限在对某个特定男人，男人选择"好女人"还是"坏女人"，当他们的性格不同时，选择的倾向性是有差异的。

▲ 绿色性格男人——都可接受，对方需主动

因为绿色性格的包容性很强，在情感中又比较被动，绿色性格男人对于"好女人"和"坏女人"的态度，和绿色性格女人对"好男人"和"坏男人"的态度一样，无所谓。

绿色性格的郭靖爱上了亦正亦邪的黄蓉，没选择公主华筝，主要原因是黄蓉懂得花心思对郭靖好，假如华筝不是公主脾气，而是

像黄蓉一样又给郭靖做菜吃，又帮他想办法找高人教他武功，还天天对他说甜言蜜语，绿色性格的郭靖早就被留在大漠成亲，也不会有机会遇到黄蓉了。再比如，绿色性格的阿甘深爱的那个女友，正是离经叛道的"坏女人"代表，和阿甘好了后，又突然玩消失，跟一帮嬉皮士流浪、吸毒，恣意放纵，但只要她回来找阿甘，阿甘永远都是一次又一次地接纳她。

如果你要搞定绿色性格男人，无须刻意做"好女人"或做"坏女人"，无论你是哪种形态，绿色性格都可以接受。但需要注意的是，如果你太循规蹈矩，不去主动影响绿色性格，可能与他失之交臂，所以，跟绿色性格男人恋爱，女子必须要更加主动，这才是最紧要的。

黄色性格男人——喜欢独立、不依赖的女人

前文说过，"坏女人"身上有些特质偏红色性格，比如媚与妖，这些特点与红色性格的表现力强，而且渴望表现自己以求得关注有关，但凡把妖媚之气强烈呈现出来的女子，红色性格居多。《聊斋志异》里的狐狸精、花妖和女鬼，比如小翠和聂小倩，皆属红色性格。同时，"坏女人"身上还有些特质偏黄色性格，比如打破常规、不按常理出牌、特立独行、自行其是等等。

黄色性格的男人，对于"坏女人"身上某些偏黄色性格的特质颇为

欣赏，他们自己也不按常理出牌、我行我素，看到与自己有相似特质的人，会有惺惺相惜、棋逢对手之感，而对"坏女人"身上的红色性格特质则无所谓，他们并不在意一个女人是否够妖媚或者惹人关注，说白了，黄色性格认为这没什么用，可有可无。

黄色性格男人欣赏独立自主的女人，但未必会把这样的女人作为理想伴侣。他们希望找到一个让自己无比欣赏的厉害女人，征服她，并让她只对自己臣服，但这种选择太过于理想化，很多时候做不到，所以，更多时候，黄色男人婚姻中更愿意选择一个懂事、听话、有一定独立性、不太依赖的女人。

想征服黄色性格的男人，你最好做个能帮到黄色性格事业的"好女人"。

唐太宗李世民的长孙皇后算是"好女人"的楷模，她贤良淑德，克制节俭，在李世民对魏征恨不得生啖其肉之时，经常严肃告知圣上，有此忠臣乃大唐之福，长孙皇后死后，李世民念念不忘。当然，你也可以做个有主见的能挑起黄色性格征服欲的女人，但其中的尺度需要拿捏好，不能太过。

就像我课堂中的一位学员，她喜欢上了一个优秀的黄色性格男人，因为那个男人喜欢户外旅行，所以，她也加入了同一个户外俱乐部，并且在爬山时提出要和他比赛，看谁能更快登上山顶，她还真的在第一次比赛中赢了他，并以此成功地引起了黄色性格男人的注意。在后面与他的交往中，她在其他项目上输给了这个黄色性格男人，并且表达了对他的崇拜之情，两人水到渠成，顺利地走在了一起。

▶ 蓝色性格男人——内心深处喜欢"坏女人"

蓝色性格男人自己恪守规则，对身边亲近的人会很挑剔，乍看起来，不太可能跟"坏女人"在一起。事实上，蓝色性格的男人择偶的时候，选择"坏女人"的几率也确实不高。但我在这里要公布一个天大的秘密，比"达芬奇密码"还要石破天惊，那就是——蓝色性格男人的内心深处喜欢"坏女人"。

原因在于，蓝色性格内心潜藏着激情，细腻而敏感的他们容易被拨动情绪，只是受制于理智，不表现出来。面对"坏女人"，蓝色性格表面上会批判她们的离经叛道，但内心似乎又有那么一种被撩拨起来的感觉，因为"坏女人"的野性和肆意的情感流露对蓝色性格而言，有一种强烈的互补的吸引力。

奥斯卡提名影片《魅影缝匠》，讲的是一个蓝＋黄性格的时装设计师对自己从工作到生活都无比高标准严要求，生活习惯近乎苛刻。比如，当他思考时，如果有人用刀切奶酪，那声音绝对让他不能忍，这直接导致他无法与喜欢的女人长期生活在一起。他的冷淡让女人很受伤，女人越渴望与他交流，他越冷淡，直至分手。有一天，他遇到了一个红＋黄性格的女人，这个女人是家餐厅的服务员，与他身份地位虽有天壤之别，却有种天生的反抗精神，随意、热情、主动表达情感，他被这些特质吸引了，把女人带回了家。当他再次表现出苛刻、挑剔、难以接近时，这个女人没像之前的女人一样退缩和离开，而是用各种办法来改变他，最后，不惜给他吃毒蘑菇，让他生病，让他脆弱，让他需要关爱，从而让两人的身心交融。最后，他们结婚了。每当两人出现矛盾，老婆就给他吃毒蘑菇，而他明知有毒，还是满怀深情地吃下去，等待发病，等待两人灵肉合一。

从"好女人"和"坏女人"的标准来看，这个红＋黄的女人，明显是个"坏女人"，因为她用的方法会伤害这个男人的身体，她为了得到爱，不惜用这种方式。但也唯有她，而不是这个男人之前遇到的那些"好女人"，让这个男人心甘情愿地娶了她，心甘情愿地吃下她亲手做的毒蘑菇。

故此，如果你想搞定一个蓝色性格的男人，你就要成为一个有内涵的女人。如果你只是一个简单本分的"好女人"，蓝色性格的男人会认同你，但他内心的情感需求无法得到满足；如果你是一个只会炫耀网红脸的"坏女人"，蓝色性格男人即使见你美若妲己，下身毫无肿胀。

❀ 红色性格男人——喜欢与之前感觉不同的女人

红色性格的男人对女人好坏这个问题的接受度是最宽泛的，因为"好女人"和"坏女人"他们都爱。

就像《鹿鼎记》中红色性格的韦小宝，他既爱"坏女人"方怡，又爱"好女人"双儿，就爱的程度来说，似乎不太能分出明显的差异。红色性格的方怡开始对韦小宝毫无兴趣，爱自己的师哥，为了帮师哥，假装爱韦小宝，诱惑他，让他一次次上当被害，韦小宝越恨就越想得到她。绿色性格的双儿对韦小宝唯命是从，且对韦小宝的多情无条件包容，小宝跟双儿在一起感到无比享受。他同样很爱双儿。

所以，对红色性格的男人来说，他们不会挑剔你是好是坏，只要你能激发他们的兴趣，就有进一步发展的可能，在婚姻问题上，贪心才是他们的问题。

关于如何搞定情感经历丰富的红色性格男人，这里只透露一个天下最大的秘诀，那就是——你要去看，这个红色性格男人之前遇到的"好女人"多还是"坏女人"多，如果他一直遇到的都是"好女人"，那么，你坏一点，会让他过目不忘；如果他一直遇到"坏女人"，那么你的好会更能吸引到他。

如果你还是不能理解这句话的奥秘，你就想想，为啥小说里面，总是说各种读书人被农家女吸引呢？

龚古尔文学奖是法国久负盛名的文学大奖，在毛姆的笔下，龚古尔兄弟俩英俊有魅力，弟弟朱尔欢快风趣，秀气性感；哥哥埃德蒙内敛拘谨，高大俊美。他们认为爱情是虚空的，没有任何用处，它只会耗费时间、精力，影响文学事业，为了伟大的文学事业，这对自我要求严苛的兄弟决定不谈恋爱、不坠情网。可他们是正常男人，总要解决情欲，所以，他们决定，情妇还是可以有的，但共同拥有一个足矣。那个走进兄弟二人世界的女子叫玛利亚，虽然有些放荡堕落，但生性活泼、心地善良。她跟龚古尔兄弟在一起，温顺得就像小猫。作为一名助产士，她见闻多多，每天都会把所见所闻讲给这对文学兄弟听，他们听得入迷，创作有了很多灵感和素材。

龚古尔兄弟喜欢助产士，就像读书人路过穷乡僻壤，很容易被不识大字的清秀农家女吸引，生出无尽爱意一样。原因很简单，农家女天生的聪慧和与生俱来的活泼，让一切学历在她们面前都黯淡无光，这一切都给那些喜爱猎奇的、喜爱体验的、喜爱变化的、充满理想主义的、感性的红色性格的男人，带去最简单直接的快慰。毫无压力，也不需勾心斗角，从而生出无限奇思异想，而且即便你事业上毫无建树，但是凭借几句文绉绉秀才味的话，就能使不出山村的农家女会觉得这个男人好有文化，好有见识，也更容易让她产生崇拜，你看，这让一个男人的感觉多好。

谁都希望自己所爱的这个人是个"好""坏"结合体，想让她"好"的时候"好"，想让她"坏"的时候"坏"，哇，好棒的白日梦。不过，人就是这样，明知是痴心幻想，不碰到头破血流，不碰到没有退路，还是会挠心抓肺地追寻。所以，这篇文章，对你可能什么用没有，你依旧还是会像过去那样，不过，我衷心祝福阁下你能明白地知道你想要什么。

03.
写给准备网恋的你

如何在网上与不同性格恋爱？

现代人上网时间比上床时间还长，很多重要的事情都是在网上完成的，网恋也越来越普遍。

假设有四个男人，各方面条件都差不多，唯独性格不同，分别属于四种不同的性格——红色、蓝色、黄色、绿色，他们喜欢上了同一个女孩，并且都拿到了女生的微信。当他们同时追求这个女生时，我们来看看会发生什么。

四个男人在同一天晚上，都给女生发了个："你好。"女生很高冷，回复了一个字："忙。"收到这个回复后，不同性格最有可能的反应是什么呢？

看看下面各色性格的反应，哪一种更符合你？

绿色性格——首先退了下来，绿色性格想："这个女孩挺忙的，她这么漂亮，估计跟她聊天的人也挺多，我还是先不要打搅她了。"于是绿色性格等了会儿，看了些新闻，到了该上床睡觉的时间，就洗洗睡了。

蓝色性格——收到这个消息后，也没再出声音，他不确定这个女孩是真的太忙，还是以这个字来表示拒绝，所以，蓝色性格默默地亮着头像等着，他希望用自己的等待来让女孩明白自己的心意，他认为如果女孩是真的忙，总有忙完的时候，到那时，就会看到他还在这里等。蓝色性格一直等到 12 点，女孩什么也没跟他说。

红色性格——看到女孩的回复以后，红色性格的想象力飞速舞动，与此同时，表达欲望更强了，他不断给女孩发消息："忙什么呢?""这么晚了还在忙,要注意身体呀!""大概要忙多久,给个回复。我愿意等你忙完,咱们再好好聊,好吗?"女孩一直没有回复,红色性格开始情绪化了:"这么傲娇,不理人啊?""大不了不聊了,我才不喜欢跟没有诚意的人聊天呢!""我走了,再见,不,应该是永远不见!"女孩还是不回复,红色性格就把女孩拉黑,但过了三分钟不到,他又重新加回:"对不起,刚才是我太冲动了。""我不应该那么小气,男人等女人是应该的。""你不说话,我就当你原谅我了。"如果说蓝色性格的兄弟是等了一晚上,那红色性格的兄弟就是忙活了一晚上。

黄色性格——当看到"忙"字时,黄色性格想这女孩还挺有挑战性的,不错,他想了想,女孩正面临毕业,好像工作还没落实,于是给她回复了句话:"有份工作要介绍给你,你忙完以后给我回电话:13988888888@139.com。"然后黄色性格专心加班。黄色性格认为,与其等着你"召幸"我,不如化被动为主动,找一个能吸引你的事情,让你自投罗网。假如女孩没有回复,第二天,黄色性格又给她发了一条消息:"我认识某跨国公司的人,平台很大,有发展前途,我推荐你去他们公司工作,你把简历发给我吧,邮箱 *****@***。"女孩还是没有回复。第三天,黄色性格继续加大筹码,又发了一条消息过去:"昨天跟你说的那个工作,月薪五万,明天是最后的面试机会,错过就没了,你自己看着办吧。"总之,黄色性格的目标不变,方法可变,如果一招不奏效,黄色性格会加大赌注,卷土再来,一直到搞定为止。

理解了不同性格谈恋爱的规律，我们再来看看应该如何在网上与不同性格谈恋爱。

✗ 如何与红色性格网恋

假如你喜欢的对象是红色性格，她可能是个喜欢变换微信头像的人，没事常发朋友圈，发自拍照，晒自己今天去了哪里，做了什么，阅读她的微博或朋友圈，你可以看到她的心情一天之中变化了多次，时高时低，而且时常倾诉自己的很多情绪。

Joyce，一个红色性格的女性，平均每天发十条朋友圈，一天之内头像变了九次，你可以猜测到大概发生了些什么。

第1条：（附美颜相机自拍照）不让晒事业线，就只能这样了。哎，大头贴……

第2条：若我恋上，定是自焚式的投入，把我认为最好的竭尽所能地都给你……

第3条：公司又发福利又抽奖，抽中最爱的挂件，美美地工作！

第4条：想你的时候不敢和你说话，和你说话的时候不敢说想你~

第5条：心情不好，发疯，让泪倒流……

第6条：你不是我，如何知道我的艰辛；我不是你，如何感受你的焦虑。

第7条：家里频繁莫名丢东西，新买的一床蚕丝被又不翼而飞！

第8条：快乐时身边很多人，伤心时却只有自己。

第9条：你们都别刺激我了！

……

红色性格的核心追求是快乐。跟红色性格谈恋爱，你需要不断变换新鲜花样，带给她惊喜，让她和你在一起总是觉得很开心。

一位朋友告诉我，他俘虏红色性格女孩的绝技，就是先关注她的朋友圈，因为红色性格女孩发朋友圈频繁，信息量很大，所以要不了多久，就能发现一些与女孩喜好相关的信息。比如女孩有一天说："路过花店，郁金香开得好美"，拍了一张花店橱窗的照片。朋友立刻上网订了一打含苞欲放的郁金香，让人送到女孩手上，留言卡片上只写了"有心人赠"几个字。

果然，红色性格女孩把郁金香连同卡片一起拍照发了朋友圈。还写了一句"万能的朋友圈，谁能告诉我这是谁送的呀？"红色性格女孩的朋友圈里也有一堆红色性格的人，于是大家在下面纷纷猜测，会不会是谁谁谁，好不热闹，女孩也过足了一把公主瘾。

又过了一个星期，他发现女孩发了条朋友圈，说在加班，很累很辛苦，于是买了外卖叫人送去，又留了一张一模一样的卡片，写着

"有心人怕你饿着。"

类似这样的事情做了几次之后，吊足了胃口，他给女孩寄了张话剧票，附上了一样的卡片。当女孩来到剧场时，才发现坐在旁边的是他。这一下，这个惊喜浪漫的故事就很顺利地展开了新的篇章。

▶ 如何与蓝色性格网恋

假如你喜欢的对象是蓝色性格，她可能很长时间才发条微博或朋友圈，内容隐晦（比如引用一首诗，一张风景照片，或一篇别人写的文章），需要花大力气捉摸，才能隐约体会到她所要表达的情感。

比如一位曾向我咨询情感问题的朋友，在长达两年的时间里，只发了两条朋友圈。只有她自己知道，那两条信息都与她那段八年前就分手的爱情有关。

第1条：从朋友家阳台看黄浦江（附黄浦江的照片）

第2条：一切都是命运，一切都是烟云。——北岛

因为蓝色性格重视默契，她认为，如果你懂我，不需要说太多，你就能明白；如果你不懂，说再多也没用。跟蓝色性格谈恋爱，需要很细心，不要急于回答她的问题，要从她简单的应答中体会背后的深意。

跟蓝色性格网恋，需要事先对她有所了解，如果只是纯粹的网上初次聊天的陌生人，想要追到她是不可能的，因为连最基本的信任都没有，她什么都不会跟你聊。

我的一位朋友，跟蓝色性格女孩在网络文学论坛认识，一开始，他很喜欢她的文章，所以在下面留言。蓝色性格女孩并不回复。过了大概半年时间，因为每次他的留言都很用心，所以女孩偶尔一次点开他的头像，到他发的文章下面写了一句话，很隐晦，其他人未必理解，但他知道那引用的是某本名著里的对话，所以他就在下面用那本名著里的另一个人的话回复了。这样一来，两个人一来一往，才真正建立了联系。

两人从论坛文章下面的相互回复，进展到相互发私信，又用了半年时间。从私信里的交流，谈彼此的爱好和感受，又过了一年，他因为工作调动，要去女孩所在的城市，所以就把自己新的联系电话发给了对方。蓝色性格女孩没有打电话，而是把自己的微信号发给了他，两人加上了微信，这时距离两人认识已有两年时间了。最终，两个人从微信聊天发展到见面，再发展到约会，最终结束爱情长跑走入婚姻，一共用了八年。

搞定蓝色性格真的需要很多的时间，除非是足够投缘，足够喜欢，否则的话，男生的耐心真要被耗没了。

如何与黄色性格网恋

假如你喜欢的对象是黄色性格，她在发朋友圈时，一般会转载一些有用的文章，如果要写东西，比如写工作或旅行的手记，她会记录信息而不是记录心情。

> 我的两个黄色性格女学员，一个是单亲妈妈，她的朋友圈除了转载她认为值得保存的教育孩子的文章之外，没有其他内容；还有一个是爱好户外运动的单身女孩，她每到一个地方野营，就把当地的衣食住行简单记录在朋友圈里，以备以后需要时翻看。
>
> 他们的朋友圈，都没有任何与人的互动，对黄色性格来说，这只是一个记录信息的工具而已。黄色性格不太喜欢聊天，除非是聊些他认为有价值的事情，或是他有需要找你帮忙，或是你以很尊重的态度请求他的帮助。因为黄色性格觉得，生命不应该浪费，应该有目的地去做一些能让自己进步的事情。跟黄色性格谈恋爱，你需要接纳他重视事情多于重视感受的性格，以他的思考方式与他互动和交流，并且让他看到你在不断进步。

在"乐嘉"微信公众号中下载过微课的听众会进入到一个微信群，曾经有微课群的听友向我咨询，如何搞定黄色性格的女孩，他和黄色性格女孩仅有 QQ 联系方式，没有其他办法联系。之前，两人在网上已有了不少交流，清楚彼此的很多情况，只是他没有直接表白，也不确定自己要不要表白。我说你自己来学了性格色彩的课程后就明白了，我希望"授人以渔"，而非"授人以鱼"，自己学了以后，可以在各种情况下举一反三。

他参加了线下性格色彩课程的学习后，自己举一反三出来的成功经验是：回去以后，做三件事。

第一件事，你先观察一周，看看黄色性格女孩的上线时间是否有规律，如果有规律的话，譬如她每天晚上 20：00 点左右上线，那么第二件事，你每天 19：55 上线，上线后，让自己的头像亮半小时，看看这半小时之内，她会不会主动找你聊天。如果她不找你，那么半小时之后你就下线。第三件事，这个事情你坚持一个月，每天同一时间上线，头像亮半小时。他的设定是，如果坚持一个月，对方一次都没找过自己，那么可以断定，她对自己没有兴趣，再怎么纠缠她都没用，可以放弃了。只要她主动找自己聊天，就有机会。最后，在第 25 天的时候，他成功了。

▲ 如何与绿色性格网恋

假如你喜欢的对象是绿色性格，她也很少在网上发布自己的信息，而且从不会倾诉负面的情绪。

我的一位同事，绿色性格，偶然的一次，我看了看她的朋友圈，发现她一年只发了四次朋友圈，更令人惊讶的是，这四次的内容都极其平淡。

第1次：天气很热，但也很好，路过曾经工作过的地方，喜欢这里。

第2次：太阳落山了，不冷不热的傍晚，很好。

第3次：上海难得的雪天。

第4次：回家真好。

天热也好，天冷也好，回家也好，不回家也好，在绿色性格的字典里，大概没有"不好"这个词吧。跟绿色性格聊天时，她说得比较少，经常会出现一些"嗯""哦""不错啊"的字眼，代表她在听着，但没有什么自己的意见可以发表。跟绿色性格谈恋爱，你需要发挥主动性带动她，教给她一些她所不了解的事，并且让她感觉到你是一个可以信赖和依靠的人。

一位性格色彩学员告诉我，他在网上成功地把一个绿色性格的女孩变成了自己的女朋友，秘诀就在于一个"快"字。他和女孩在线下相亲认识后加了微信，没留手机号。但他只跟女孩聊了一次天，那次聊天，他打听到了女孩住在哪个区，平时去哪里吃饭。第二次就约女孩出来见面，约女孩经常去的一家餐馆一起吃饭。因为方便，而且约会地点熟悉，很顺利地女孩就同意了。于是男孩成功地把两人的关系拉进了一步，而没花太多时间跟女孩在网上聊。当最后两人确定男女朋友关系时，绿色性格女孩告诉这个男生，其实之前她还参加过一次相亲活动，有个男孩比他认识自己时间早很多，但只是不断地在网上跟她聊天，一直没提出过见面，所以，就被这个男孩捷足先登了。

每种性格在恋爱中都有各自的强项和弱项，即便隐藏在网络之后，优势和局限也很难长期隐藏，想要在恋爱中心想事成，还是要修炼自己，学习其他性格的优势，克服自己的性格局限，无论将来你的心仪对象是哪一种性格，都能很好地与他交流。

04.
写给开始相亲的你

如何在相亲时选准合适的人？

我本人对相亲有恐惧，想起来怕是担心别人介绍的万一见了面不喜欢，拒绝起来不好意思，见了就走肯定很不礼貌，但虚与委蛇地没话找话，又实在痛苦。所以，年轻时有限的几次相亲，谈不下去的时候，我都将其变成了我的性格色彩课，一晚上和对方聊得不亦乐乎，就当作是传道普及了。

2016 年，性格色彩中心发明了性格色彩卡牌——史上最强悍有力的性格色彩工具，就这样，所有学过性格色彩的人都随身带着这个宝贝去相亲，不管遇见谁，用这个宝贝都能瞬间了解对方，并且交谈得无比顺畅，想继续发展，就约着下次继续；想戛然而止，也可以用卡牌找到一个性格不合的合理说法，即便大家无缘做恋人，也能做朋友，真是"进可攻，退可守"的绝技。我现在想起这个宝贝，嘴角都是向上的（详见拙作《三分钟看透人心——性格色彩卡牌秘籍》。

但如果你现在手上没有性格色彩卡牌，马上就要去相亲，怎么办？相亲，从陌生到熟悉，又持有相互考察的心态，人们往往会把一些本性掩藏，向对方展现自己最好的一面。此时，运用性格色彩，从一些小细节洞察对方性格，就变得很有意义。

这篇文章会教你怎样在相亲时通过短暂接触，快速判断对方的性格，这样至少有三点好处：

1.如果对方是你的菜，你越快了解他的性格，越能进入到他的内心。

2.如果对方不是你的菜，快速了解性格，你就知道怎么拒绝既不伤人，又能全身而退。

3.如果你不确定他是不是你的菜，了解性格后，你就会知道跟这种性格在一起是容易还是困难，这样，当你想发展关系时，就可以学习怎样推进。

● 相亲时如何确定对方的性格

先做两个小测试，现实生活中，你遇到以下相亲对象，根据穿着你觉得他们可能是什么性格：

A. 精致、保守

B. 夸张、注目

C. 轻松、休闲

D. 干练、精神

A.＿＿＿色　　B.＿＿＿色　　C.＿＿＿色　　D.＿＿＿色

小细节之一：衣着鞋帽

红色性格——喜欢把自己打扮得相对夸张一些。打扮得引人注目一些的，多数是红色性格（记住，这话不能反过来说，红色性格未必都是这样，但是会这样打扮的，多数都是红色性格）。无论男女，染了出挑颜色的头发——比如红色、金色、绿色的头发，多数是红色性格。红色性格喜欢夸张的饰物，如复杂的宫廷风格的项链、手链，奇形怪状的胸针，女生自然不用说，即便男生也可能会戴一个色彩很炫的手表，或者晃得你眼花的图章戒指。由于红色性格天性随意，即使着意打扮，还是有可能会出现类似扣错扣子这种粗心的状况。

蓝色性格——追求严谨、精致，宁可保守，也不出错。即使在大热天，蓝色性格男人在相亲时也不穿汗衫短裤，他会穿薄衬衫，袖口的扣子会扣上。蓝色性格女人几乎从来不穿超短裙，宁可穿薄一点的长裙，领口也不愿敞开。女性通常都会随身带包，蓝色性格随身的包打开来，里面有条不紊地放着必备的东西，要找什么都会很容易找到。不像红色性格的包打开来，想找什么都找不到，因为太乱了。一般女人的头发比较难打理，被风一吹会乱，但蓝色性格女人一定会提前想好这个问题，进入相亲场所之前就整好了，纹丝不乱地进来，这点其他性格很难做到。

黄色性格——着装干练、精神，不会拖着长袖或裤管，在所有性格里，黄色性格最讲究档次，如果是从上班地点过来，可能是商务西装，如果是周末见面，很可能是休闲服，总之一定以简便实用为原则。他们不喜欢有很多复杂装饰或者褶皱花边的衣服，不喜欢戴太多饰物，职场上的黄色性格女性，偏好的颜色凸显庄重和权威感。

绿色性格——着装轻松、休闲，绿色性格追求的是一种慢悠悠的生活方式。他们既不像红色性格那样喜欢引人注目，又不像蓝色性格那样把自己完美地束缚起来，更不像黄色性格那样追求高效、紧张和快速，所以，绿色性格经常穿着松松垮垮的衣服，比如毛衣，或者软塌塌的宽松的纯棉衣裤，只是为了舒服，没有那么在意形象。绿色性格可能会疏于打理头发，看起来没什么造型，可能头发长了也没有及时去剪。对于衣着，他们一般喜欢比较柔和的颜色和简单的款式，他们不想成为焦点，不会给人任何怪异的感觉，比较容易在人群中失去存在感。

前题答案：A.蓝色；B.红色；C.绿色；D.黄色；

现实生活中，你遇到了以下相亲对象，根据他们的言谈，你觉得他们可能是什么性格？

A. 热情主动、话比较多

B. 谨慎、滴水不漏、环环相扣

C. 直截了当、干脆利索

D. 有一答一、小心翼翼

A._____色   B._____色   C._____色   D._____色

小细节之二：相互介绍

红色性格——比较热情，介绍自己时会多说一些信息，比如自己在哪里上的中学和大学，第一份工作是什么，不用你问，他就会更多地说出来，同样，他也会问你很多问题，但这些问题之间，多半没啥关联性，譬如，一会儿问你喜不喜欢宠物，一会儿问你去过最远的地方是哪里。当你回答问题时，说到一个红色性格感兴趣的点，他会赶紧插话，发表自己的看法和体会，所以，聊了一圈下来，你会发现他说的话相当多。

蓝色性格——说话谨慎，介绍自己时，会先说一句，然后等着你来问，你提的每个问题，他的回答都滴水不漏，既把情况交代得很清楚，又没有多给任何信息。他在问你问题时，环环相扣，一个问题和下一个问题之间有必然的关联。比如，问你的工作情况，他会先问你，大学什么专业，一共做过几份工作；然后，依次了解分别是什么工作。问其他事情也是一样，你会感到他非常有条理。当然，他绝不会在初次见面的时候问你隐私。最后，你会发现，他提的问题比说自己的事情要多得多。

黄色性格——目的性强，不喜欢啰唆和废话，对自己他也是一句话介绍完。在问你问题时，他会抓住自己最关心的几点来问，往往他问你的问题就跟他自己的择偶标准有必然关系。当你试图展开告诉他细节，他会试图带到下一个话题，因为他觉得已经知道的事情，没必要再听那么多的细节和过程。如果你问了黄色性格不愿回答的问题，他会直接告诉你他不想回答，直截了当，干脆利索。跟黄色性格相亲，一般结束会比其他性格快，因为他很善于控制时间。

绿色性格——关注他人感受，而且很被动。所以，绿色性格自我介绍也很简单。如果你不提问，他绝不会想到要告诉你什么。因为怕自己提出的问题会为难对方，所以，绿色性格也很少发问，多半会说些诸如"今天天气真的很热啊"之类的说了等于没说的话。但如果你问了，哪怕是比较隐私的问题，比如"你有过几个前女友，发展到什么程度了"这样的问题，绿色性格也会有一答一，问十答十。跟绿色性格交谈，主动权完全在你手上，只要你不说结束，绿色性格不会主动说结束。

前题答案：A.红色；B.蓝色；C.黄色；D.绿色

现实生活中，你遇到了心仪的相亲对象，会以何种方式表示愿意下次继续约会？

A.探测态度，感觉对方态度利好就约，反之，谨慎从事

B.顺其自然

C.直接主动约出来

D.虽然比较纠结，但是既然合意，就要抓住机会主动约

A.＿＿＿＿色　　B.＿＿＿＿色　　C.＿＿＿＿色　　D.＿＿＿＿色

小细节之三：下次约会

　　红色性格——情感很奔放，但也很要面子，所以，对是否提出下次约会，红色性格内心纠结，多数情况下，红色性格会鼓起勇气问对方，下次什么时候见面。如果情商比较高，他会包装一下，假装不经意地问："这次韩国料理挺好吃的，我知道转角对面有一家茶餐厅，那里的菠萝包很好吃，不如下次去吃那个吧?"假如对方热情回应，那自然情感升温，但假如对方表现出犹豫或冷淡，说"再看看"，红色性格会瞬间有情绪，甚至脸色都会立刻有变化。

　　蓝色性格——内敛而含蓄，主动邀约对蓝色性格而言，需要思前想后，考虑很多因素。多数情况下，即便感觉好，蓝色性格也不会主动约下次，而会看对方的反应。如果对方比较冷，蓝色性格可能会在内心把自己给否定了，认为这次相亲失败了，如果对方很热情，只是没提出下次的邀约，那蓝色性格可能会暗示一下，比如问"你下周会很忙吗?"其实就是一种试探，如果对方稍微有点敏感度，知道蓝色的意思，会说"不忙，不如下周五一起吃饭吧"，这样，自然是最完美的互动，但如果对方没意识到，说"不忙"，然后就又去讲别的了，那蓝色性格就会比较郁闷了。

　　黄色性格——直接而主动，对黄色性格而言，彼此看对眼，那就一路推进下去，没必要想太多。黄色性格只要觉得自己喜欢对方，对方也对自己满意，就会主动提出邀约下次约会，甚至连下次见面的时间、地点、方式都一次性说好，快速解决问题："下周五晚上八点，我们去新世界影城看电影，票我会买好，你提前自己吃好饭就过去。"感觉上很像在交代工作，一副不容质疑的口气，如果对方喜欢别人帮自己做决定，那再好不过。但如果对方有主见且不喜欢别人为自己做主，就可能会排斥这种方式。

绿色性格——对生活中很多事情都没计划，对绿色性格来说，顺其自然最舒服，所以绿色性格很少会想到主动计划并提出下次约会，如果对方没主动提出，绿色性格更有可能在相亲结束后过几天，才想到是不是该约对方再见个面。当然，如果在相亲时，对方主动约下次见面，绿色性格的答案一定是"好吧"，即便他心里没那么喜欢对方，但为了不伤害对方的感受，也可能会先答应下来。

前题答案：A.蓝色；B.绿色；C.黄色；D.红色

性格色彩学无所不在，即便一次小小的相亲，也可以看出许多细节，从而洞察到对方的性格。当然两个人的相恋和结合是一个很漫长的旅途，即便你可以快速看出对方的性格，也还是要更深入到对方的内心，让你们的情感持续向好的方面发展。

● 让你爱的人爱上你的攻略

❀ 让红色性格爱上你的攻略

1. 认可他身上别人没有发现的优点

红色性格对于赞美和认可的需求度很高，但如果和你相亲的这个红色性格很优秀，平时可能经常有机会得到赞美，很可能会对你的赞美免疫。解决的办法是，发现他身上别人没有发现的优点予以赞美。譬如，如果他长相英俊，你可以不夸他的长相，而是夸他的声音好有磁性，或者夸他选择相亲地点的品位，这些他不会经常听到的夸赞，才能让他真正感到愉悦。

2. 鼓励他多谈论自己

红色性格天生喜欢自己说别人听，并且渴望得到关注。如果你和红色性格相亲，可以通过提问让红色谈论自己感兴趣且擅长的事情，对他讲的事情表示出兴趣和强烈的参与感，当他讲到一些对他而言有情绪起伏的事情时，你要代入自己，感受他的感受，并且表达出来，这样他会觉得和你非常投缘。

3. 给他机会帮助自己

红色性格乐于助人，即便还没有成为情侣，也乐意帮你一些小忙。在交谈中，可以找一个你不懂而他比较擅长的事情向他请教，问题的难度不要太高，当他帮你解答之后，你可以予以强烈的认可，这样你来我往，关系就又近了一步。

▶ 让蓝色性格爱上你的攻略

蓝色性格属于慢热型，对新认识的人需要有较长的考察期，才能逐步信任，但切记，蓝色性格其实感性而理智，以下三招，适用于俘虏蓝色性格：

1. 揣摩他没有说出口的想法

蓝色性格情感细腻，表达方式含蓄，所以，往往不会把自己的想法说出来，如果你能读懂，这对他来说无异于遇到了知己，非常难得。比方说，在餐厅吃饭，隔壁桌子的客人很吵，蓝色性格没说什么，但已经皱起了眉头，很努力地向前倾着身子听你讲话，这时，你就应该主动把服务员叫过来，让隔壁的客人注意一点。问题解决后，你会发现蓝色性格松了一口气。类似的事情多做几件，蓝色性格会对你留下深刻的美好印象。

2. 玩味细节，交流那些细微而美好的感受

蓝色性格细腻而敏感，他们善于发现细节，品味细节，所以不妨多和他们聊聊最近一次看画展的感受，或一起欣赏一下约会场所的装修风格，最终，你们也许会在看过的同一本书里面找到进入同一频道的感觉。蓝色性格是念旧的，所以，不妨和他聊聊过去的事情，比如某某影片要上映了，是二十年前的一部儿童连续剧改编的，聊聊这个话题，顺便可以带出很多小时候的回忆。

3. 放慢脚步，多和蓝色性格商量决定

相亲中会遇到很多需要决策的事。比方说，一起吃完饭，你觉得聊得很愉快，提议是否可以一起去看场电影，如果蓝色性格对你也有

意思，也会想和你一起去，但由于性格使然，对突然增加的约会项目，他们可能会考虑很多负面因素，也会担心是否两人进展太快了，当蓝色性格对于你的提议犹豫时，不要坚持己见，而是尊重他的意见，和他商量，问他想怎么办，最终，也许蓝色性格会打消顾虑跟你去看电影，如果还是有顾虑，可以采取折中方案，比如在附近散散步也未尝不可。

⚑ 让黄色性格爱上你的攻略

以结果为导向，最在意的是成就。所以当你和黄色性格交往，需要注意以下三点：

1. 给他机会谈他的事业和目标，或者让他有成就感的事情

如果你恰好对黄色性格的事业也很懂，那么与他交流，以谦虚的态度给他一些有帮助的建议，对于你们的关系无疑是会加分的。如果你完全不懂，那就听他说好了，黄色性格不需要夸张的赞美之词，但你同样要给到他足够的认同感和尊重，对他的事业和愿望表示支持。

2. 回答问题尽量简洁，给出明确的答案

黄色性格是主动进攻型选手，如果他对你有兴趣，会快速提出一些问题，希望得到明确的答案。回答黄色性格问题时不要拖泥带水，尽量简单而自信地回答就行了。即使他问到一些你不擅长的事情，比如你是否会做饭，你只要坦然地回答"暂时还不会，但我有兴趣学习"，你的乐观和积极的态度也是加分项。

3. 低调地展示实力，吸引而不是追逐

黄色性格的主见性很强，所以最好的做法是让他发现你的优秀，被你吸引，让他自己做出要对你穷追不舍的决定。对于自己的优点和擅长的事情可以不经意地让他知道，但切切不可高调地炫耀，对于喜欢炫耀的人，黄色性格本能地会有批判的欲望，但如果你低调地展示出你的实力，黄色性格会对你产生莫大的兴趣，后面的事情就不用你操心了。

◢ 让绿色性格爱上你的攻略

1. 分享有意思的新鲜讯息，但不要给他压力

绿色性格对于沉闷谈话的耐受度会相对高一些，但这并不表示他们享受这样的谈话，他们只是无力改变局面而已。如果你能分享一些在绿色性格的生活圈子之外的新鲜有意思的事情，绿色性格会愿意当个好听众，也能从中获得小小的开心和满足，但不要给绿色性格压力，不要让他觉得你在批评或者迫使他走出原来的圈子，做出改变。如果你想推动绿色性格，最好等到你们的关系很好了之后再做尝试。

2. 掌控局面，但兼顾他的需求

绿色性格习惯了让别人为自己做决定，但有时会忽略掉自己的需求，在这个过程中可能会产生不舒服的感受。所以，最好的做法是替他做决定的同时，让他可以没有顾虑地说出自己的需求，比如，当绿色性格让你来点菜的时候，你可以说："我来点菜，我什么都吃，你只

要告诉我你有什么忌口就可以了。"这样绿色性格也会很配合地告诉你他只是不能吃太辣的食物，其余都可以，而你也可以点自己爱吃的菜，吃个痛快，而不必担心绿色性格是否委屈了自己。

3.尽可能替他考虑和安排一切

绿色性格的计划性不强，对于生活琐事经常是走到哪儿算哪儿，如果有人能替他们考虑好，他们会觉得很舒服很享受。譬如，在约会结束的时候，你告诉绿色性格出门左转，走一百米就能坐到地铁，绿色性格会很乐意按照你的命令行事，这样的事情做多了以后，绿色性格会在不知不觉中把你当作他生活的一部分，深厚的情感就逐渐建立起来了。

以上这些方法可以帮助你在短时间内立即判断不同性格的特质和需求，如果你希望全面掌握一套方法更精准地成为识人的高手，成为性格色彩卡牌师是不二选择，记住文中我给你的建议哦。

05.
写给看不准人的你

如何看准人才能减少婚后落差？

自古以来，民间就流传着各种"痴情女子负心汉"的故事，比如"杜十娘怒沉百宝箱"，色艺双绝的名妓杜十娘，精挑细选，选了英俊温柔的李甲作为终身伴侣。她不但从良嫁给李甲，还把自己多年来积攒的绝世珍宝打包陪嫁。但李甲竟为了贪图一千两黄金，把杜十娘卖给了孙富。最后杜十娘打开百宝箱，把满箱的金银财宝，扔到江中，自己也投水自尽了。这个故事说明，婚前人没看准，婚后要赔上性命。

当然，现在网络发达，每天我们都能看到各种八卦，其中也不乏男人选错女人的惨痛，所以，找对人，找到适合自己的人，对男人和对女人一样重要。

那么，婚前到底要怎么看人，才能避免婚后的落差？

按照我的性子，一句话就可解决：多学性格色彩，莫要急着结婚。性格色彩课堂上，常会讲一句话：不要从单一行为去判断一个人的性格，多花时间去看一个人，不仅看他生活，也看他工作，不仅看他对你，也看他对其他人，这样会更全面更准确。

相传孔子的女儿想要出嫁前，孔老先生自告奋勇来帮女儿找对象，一找，找了一个学生公冶长，然后对女儿说，"囡囡，老爸给你找了个对象，我看中了，你不会上当的。"这个公冶长何许人也呢？判过刑，待过班房，可孔子很智慧，说别看他待过牢房，但他人品好，学问好，坐牢又不是他的错。所以，要把这个学生选为女婿。后来在《论语》里，孔子告诉了人们怎么擦亮眼睛去认识人。孔老夫子教了我们看人的"视、观、察"三板斧。第一，"视其所以"，你要了解这个人，你就看这人老是和哪些人在一起；第二，"观其所由"，观察那人为了达到某个目的，采用了什么手段和方式；第三，"察其所安"，考察这个人的心安什么地方，他心里在想什么，安的什么心。

孔夫子的这些教诲更多地还是集中在道德层面，在实际生活的操作中，除了这一因素，你还需要更多了解对方的性格，而非大家一句"性格不合"最终落得分手的结局。

当然，不同性格面对同一个问题时的思路不同，解决问题也有难易之分。对现代读者而言，大家都越来越急，想要赶紧得到快速识人的窍门，故此，本文先给你些应急之招。

假如你已通过性格色彩卡牌测试大概判断出你的恋人是什么性格，并且你们在恋爱期间相处得很好，在你决定走入婚姻前，如何预测婚姻中可能出现的问题，做足够的心理准备呢? 针对不同性格，以下性格色彩小试牛刀供你参考。

如果你的伴侣是红色性格
——看其自我情绪控制能力

他可能是一个活泼开朗、幽默搞笑的开心果。热恋的时候，他总能想到法子逗你开心，你们整天都活在梦幻中，不食人间烟火。他嘴里能说出无穷无尽的甜言蜜语，他会用各种方法告诉你：你就是他前世的爱人，今生的唯一。

红色—婚前
↓
活泼开朗
幽默高笑、浪漫

VS

红色—婚后
↓
情绪起伏大
容易有过激言语和行为

红色伴侣婚前婚后可能的性格反差

但你需要特别关注的是他的情绪起伏。你可以留意去看，当他遇到挫折、不顺心的时候，或者当你偶尔没有关注他、没有及时回应他的时候，他是虽有不爽但依然心境平衡，还是会有过激的言语和行为。因为对于红色性格来说，要控制好自己的情绪是比较难的，这也是婚后最容易发生矛盾冲突的一个焦点，如果他能够有比较好的对自己情绪的掌控力，未来你和他的婚后幸福指数会高很多。

一位学员告诉我，他和红色性格的老婆在恋爱时相处得特别好。但婚后，因为他的重心转移到了工作上，没太多时间陪老婆，老婆的情绪就发生了巨大变化。他在工作时，平均每天能接到老婆的十几个电话。他告诉老婆，如果有事的话，尽量微信留言，因为他是在开放式办公室里工作，左右隔壁同事都能听到他讲电话，如果他总是接私人电话，会造成不好的影响。但他老婆说："为什么结婚前你就可以花时间陪我，婚后就不可以了呢？你是不是变心了？"他忍不住说："那为什么婚前你都没有发脾气，现在整天就跟我闹不开心呢?"两人相互指责，结果老婆的情绪化越来越严重，变本加厉地打电话，查手机，发现疑似陌生信息就跟他吵架。

学习性格色彩后，这位学员理解了老婆的性格，尽量多在言语上关注和认可老婆，老婆的情绪开始逐渐好转。所以，对这个问题不必过于担心，即便婚前婚后有落差，如果我们能善用"钻石法则"，也能及时调整和伴侣的关系，提升婚姻的质量。

▶ 如果你的伴侣是蓝色性格
——对其现实行为的适应度

他可能考虑问题深刻，老成持重，可能细腻周到无微不至地为你服务，也可能从不留下过多的线索，只让你一再猜测他的心思。他让你觉得，你是这个世界上他仅存的知音和灵魂知己，你们之间的爱情外人无法懂得，也不需要懂得，这是一种境界。

但你需要去尝试和他一起生活，哪怕只是一次旅行，当两个人真正从早到晚待在一起，而不只是灵魂相伴时，你才能知道他有哪些生活习惯，哪些禁忌，哪些事情他认为必须要做，甚至你有哪些行为习惯是他难以接受的。蓝色性格擅长柏拉图式的爱情，在精神世界里你们可以美化彼此，但一旦落入生活的点点滴滴，他会有很多要求和规则，这也是你与他婚后容易出现的冲突点。提早了解彼此，适应彼此，知道能够接受对方哪些行为哪些习惯，不能接受的，能否相互适应和

蓝色——婚前 VS 蓝色——婚后

↓ ↓

神秘、细腻、周到 刻板、悲观、敏感、太细

蓝色伴侣婚前婚后可能的性格反差

调整，这是在婚前很重要的功课。

　　某年春节，我到一个朋友家拜年，却发现她家气氛古怪。朋友对我热情相迎，但她老公却把自己关在书房，闭门谢客。朋友一见我，就拉着我诉苦。原来她老公是蓝色性格，两人不和，竟然只是因为厕所的一卷卫生纸。老公认为，卫生纸下拉的一边，要朝向离人更近的这边，而非挨着墙，这样方便取用，所以，每次他如厕完，卫生纸都是规规矩矩地挂好。但老婆比较随意，总有几次拿卫生纸的时候把整筒都拿下来用，用完随手挂回，恰好方向挂反了，卫生纸下拉的一边挨着墙。因为老婆的这个习惯，老公在墙上贴了胶布，上面画了箭头和示意图，希望老婆看到以后能记得放对方向，但老婆还是放错；后来老公也提醒过，还是没有用，因为老婆一到上厕所的时候就什么也不记得了。所以，老公每次看到卫生纸放错就愁眉不展，搞得老婆也心里不痛快。结果，大过年的，就为了一卷卫生纸，两人冷战不语。

　　那年春节，我在他们家给朋友做了个简短的咨询，让她明白了她老公不是怪物。她感叹着说："婚前，我无比崇拜他的心思细腻、思想深沉，没想到结婚后，才发现这男人这么难搞。"春节后，朋友来上了性格色彩的课程，逐渐掌握了方法，和老公的沟通也慢慢理顺了。

如果你的伴侣是黄色性格
——对他人的情感感知能力

他可能目标坚定果断，自带"领袖光环"，无论在同事还是朋友中，都是说了算的那个人，他的权威感与有没有身份和地位毫无关系，而是来自性格。他可能是你的主心骨，你对他既欣赏又崇拜，无论你遇到多大的事，有他在就仿佛有定海神针，无须担心。

但是，你需要观察和了解，他是不是一个可以接纳别人意见的人，他是否在实现自己目标的同时，也能关注到他人的感受。因为一旦走

黄色——婚前
↓
领袖光环、主心骨

VS

黄色——婚后
↓
固执、强势、一言堂

黄色伴侣婚前婚后可能的性格反差

入婚姻，两人需要相互协作、共同分担的事情太多，如果他总是一言堂，坚持自己永远是对的，那么你的婚后生活可能会从天堂跌入地狱。

我在《色眼识人》这本书中讲过一对夫妻，老公是黄色性格，老婆是红色性格。恋爱时，老婆对老公无比崇拜，因为老公意志坚强、决策快速，而且永不服输。婚后有了孩子，两人便发生了大大小小的争执。一次，黄色性格老公在女儿腹泻时坚持要给她服用黄连素，老婆说："两岁小孩还不会服药片，要是当成糖丸嚼，苦味会引起呕吐。"老公坚持不相信会吐，结果孩子吐得不成人形。老婆悲痛之余，黄色性格老公却说："这不一定是服药引起的，说不定今天吃的其他东西本来就有不合适的。"

对这位老婆而言，她需要完成一个从婚前到婚后的转变。婚前，她看到的是她老公黄色性格的优势：果断、自信、坚持；婚后，她看到的是自己男人黄色性格的局限：不听别人意见、固执、死不认错。面对黄色性格老公，红色性格的老婆首先要有自己的主见，如果在吃药这件事上，老婆懂得比较多，而且也清楚地知道吃药对孩子会有不好的后果，就要用适当的方法来影响老公。比如，先肯定老公的出发点，再用黄色性格精炼的语言和老公沟通，并主动承担解决问题的责任："嗯，老公，你是对的，孩子腹泻不是小事，是应该尽快止泻才好。我这就带孩子去医院看看，查清腹泻原因，彻底解决问题。"

▲ 如果你的伴侣是绿色性格
——是否愿意主动分担

他可能是个富有包容心、跟任何人都能很好相处的人。他从不
与你意见相左，无条件地支持你所做的一切。甚至，即便你偶尔情绪
化，对他不客气，他也完全不计较。面对你，他始终带着笑容、温情
脉脉。和他在一起，你时常有种错觉，是不是你上辈子拯救了全世界，
今生才会遇到一个对你如此百依百顺的爱人。

但你需要和他一起经历一些困难，比如，一起在陌生城市的街道
上迷路，看看他是否有寻找方向的意识和能力，还是等着你来解决一
切问题。又比如，让他帮你一块儿搬家，看他是袖手旁观、事不关己
高高挂起，还是主动帮你搞定这些麻烦。婚后的日子里，绿色性格的
长处是好说话、好相处，短处则是被动、得过且过，如果所有的事都
要你来操心和决断，恐怕这个日子你会过得非常辛苦。

绿色—婚前　　VS　　绿色—婚后
↓　　　　　　　　　　↓
好说话、好相处　　　　依赖心强
包容不计较　　　　　　得过且过

绿色伴侣婚前婚后可能的性格反差

一位学员告诉我，他老婆是典型的绿色性格，家里大事小事都要他做主。在恋爱时，他觉得老婆听话、他说啥是啥，让他作为一个大男人得到了很大的满足感和成就感，但是婚后他才发现，凡事都有两面。老婆在工作单位受欺负，被无故裁员，回到家里也不告诉他，还假装自己休假了，足足过了半个月他才知道实情，气得要命，恨不得冲到老婆原单位去找领导理论。老婆却说："算了。大家都不容易，裁了就裁了吧，正好我可以在家休息休息。"后来老婆就一直待在家里，他给了她很多关于工作的建议，绿色性格的老婆对每个建议都点头称是，但都没有行动。并且，绿色性格老婆在家里，连去超市买块肥皂都要问他买什么香味的，他实在是受不了了，感觉自己不是娶了个老婆，而是养了个女儿。

对这位学员来说，他首先要在自己和老婆之间划定一个界限。因为绿色性格的老婆习惯于听从服从，这会给他一个错觉，让他觉得自己必须无限制地担负起保护和照顾绿色性格老婆的责任，从而搞得自己心力交瘁。实际上，应该学会把原本该由绿色性格自己负责的事情还给绿色，比如工作的问题，本来就是绿色性格自己的问题，如果老公过多介入，反让绿色性格失去了自立；对家庭事务，需要夫妻双方共同参与，不能因为绿色性格的退缩和无所谓就允许她缺席，对这类事情，老公需要耐心沟通，鼓励她说出自己的需求和想法，一起来实现。绿色性格在家庭中越来越自信之后，就不会再拿一些你看起来无比简单的问题来问了。

谁都希望知道婚前怎样看人不会走眼，怎样可以读懂自己恋人的性格，知道与自己是否匹配。本文只是列举了最典型的几种情况，现实生活中所遇到的情况复杂多面，无法在这篇文章中尽述。

好消息是，未来我会出版一本《你们的性格合不合》来专门探讨这个问题。在那本书里，会有不同性格的伴侣搭配组合在一起后会发生什么的阐述，这些组合一共有十种，囊括了所有的搭配情况——红色 vs 红色、红色 vs 蓝色、红色 vs 黄色、红色 vs 绿色、蓝色 vs 蓝色、蓝色 vs 黄色、蓝色 vs 绿色、黄色 vs 黄色、黄色 vs 绿色、绿色 vs 绿色。无论你和你的恋人是哪种搭配，都能从中对号入座，看一看你们的配对指数有多高，能在一起走多远，以及在相处中的注意事项。

06.
写给被人逼婚的你

如何应对不同性格父母的逼婚？

我常听到公司不少年轻人探讨怎样在逢年过节应付长辈的逼婚，煞是搞笑。有些胆小的同事喜欢借助道具引发他人遐想，譬如戴个假情侣戒，换个和姑娘合影的手机屏保，若被问起，就装作很害羞，不停地傻笑，让问者自生无限想象。也有厉害的同事，会先发制人，以进为退，被人问起，就赶紧反问，你儿子谈朋友了吗？你女儿现在怎么样？你给小孩婚房准备好没有？现在血压正常吗？新车摇号摇上了吗？听说你娃今年考进大学了……想办法掀起讨论后，火速撤离现场逃跑。而那些擅长讲故事的同事，则喜欢用悲惨的案例洗脑，告诉爹娘姑婶，某人闪婚后，性格不合离婚了；某人婚后出轨，离婚再婚后怀孕又斗小三，遍地狗血八卦，现在又要分开，拼命拿反面教材吓唬逼婚的人，你别急着把我的幸福毁掉啊！

再过十年，时代更进步了，兴许中国式父母也不会再逼婚，但至少在长辈逼婚依旧常见的当下，知道用怎样正确的方式搞定父母，对那些有被逼婚之苦的朋友来讲，是刚需。如上所述的招式把戏，并非对天下所有父母都有用，只有熟知他们的性格类型，并且知道如何因势利导，才是关键。

● 不同性格父母的逼婚

❀ 红色性格父母——唠叨张罗

红色性格的父母比较容易逼婚，相对来讲，他们不会那么坚持，骨子里面，他们希望子女可以快乐，但他们容易焦虑和情绪化。尤其逢年过节，更容易受到外界环境的影响。看到朋友们都开始抱孙子了，听到新闻里说，年龄越大的人找对象越难，女性过了生育年龄生孩子很危险等等，就开始着急。上海的人民广场有上万个父母举着招牌给女儿找对象找不到，一筐新闻加上七嘴八舌，红色性格的父母越听越焦虑，然后开始抱怨唠叨，把负面情绪传递给他们的孩子。

作为天下最愿意为子女操心的性格，红色性格对子女的感情大事格外热心。这是因为红色性格天性追求快乐，随着年龄的增大，身体的退化，他们越来越没能力让自己快乐起来。因此他们将自己的快乐建立在子女的快乐之上。只要子女快乐，自己就快乐。而他们也坚信婚姻确实会带给人快乐和幸福，从而会有强烈的意愿让子女早日成婚。

另一种情况是，红色性格的父母过于在意外界的评价，子女没对象，似乎自己在交际圈里就矮了一截。为了不让他人对自己有另类的眼光，他们也急于让子女快速找到理想伴侣。一旦子女到了适婚年龄，就开始张罗着为子女介绍对象；如果子女不配合相亲，强调自由恋爱，在没有人选前，红色性格的父母会更着急，软硬兼施也要逼着子女去相亲。

电视剧《我们结婚吧》里面，杨桃的母亲为了女儿的婚事，可谓是千方百计，首先是安排各种相亲，在杨桃反复强调了自己的反感之后，甚至刻意制造各类男士与女儿"邂逅"，工作上合作的客户突然开始告白，汽车追尾的小伙子开始递名片邀午餐等等状况，弄得杨桃神经紧张，草木皆兵，甚至以为在电梯里面遇到的鲜花快递员是母亲安排的"卧底"，弄得啼笑皆非。

▶ 蓝色性格父母——郁结于心

蓝色性格的父母最讲道理，会用层层盘问、丝丝入扣的方式让你抓狂：对结婚的考虑、规划，手边有没有合适的——每个事项一个不落全部盘问，用忧虑的眼神和叹气给你罩上几层雾霾。而且蓝色性格负面思维很强，会考虑到多年以后才发生的事，他们会让你感觉压力非常大。

蓝色性格的父母着急是在内心世界里翻滚，不会在言语当中明显地透露。除非有人傻到去主动询问蓝色性格的父母，我三十好几还没找到对象，你怎么看？那么蓝色性格可能会透露一些内心的想法，否则他们即便再担心也不会轻易流露出来。

典型的蓝色性格沉稳，情感内敛，虽然心里着急，但不会像红色性格那样整天唠叨，他们不会直接逼子女去相亲，而往往采取暗示的方式提醒子女引起注意，但其实蓝色父母自己内心则往往备受煎熬。眼看着儿子到了而立之年还没恋爱，一直赞许他宁缺毋滥的爹也开始着急，有时常常不经意提起邻居家谁谁结婚了，单位老李家女儿好像也单身，私下里也暗暗替儿子物色，有一天，小王在自己的电脑桌上发现了一女生照片，问起来，老爸说是老李来家里玩不小心落下的。

▮ 黄色性格父母——亲自出马

在天性当中控制欲和主观意识都非常强烈，凡事喜欢自己拿主意，对子女的终生大事也多半希望子女能听取自己的意见：从小到大，你读什么书，穿什么样的衣服，留什么样的发型，读什么专业，该做什么，不该做什么，他们的一生就是希望掌控和影响他人的一生，而且你越反抗，他们的压迫就越强，看谁硬过谁。

所以，黄色性格父母安排子女去相亲，再正常不过。在你年轻时，他们可能更多关注你的事业，但等到年龄到了他们认为的大龄，他们认为是问题，就开始集中火力，直截了当，下指令，告诉你快速解决，而且他们一旦逼婚，基本上已经为你做了决定，不管你有没有找到，就直接相亲直接结婚。

电视剧《离婚前规则》里面，红色性格的女儿赵亚彤瞒着秘书长高官的老妈闪婚，却因为老公事业无成惹得老妈人都没见到，就立即要求他们离婚，遭到女儿强烈反对后，这位老妈平静提出，要求她在老公事业有成之前必须隐婚。与此同时，在未得到女儿同意并且女儿还未离婚的情况下，黄色老妈直接安排了女儿与青年才俊的相亲饭局。并且坚持自己做的一定是对的，对女儿所有的解释根本不予理会。这样决绝霸道的安排，非性格中有很多黄色的人是干不出来的。

▲ 绿色性格父母——顺其自然

如果你父母是绿色性格，你这辈子也不会遇到逼婚的问题，如果他们对你逼婚，只有一种可能，就是他们身边的亲朋好友和他们的爹娘逼着他们来逼你。他们会有气无力地对你说两句："孩儿啊，你现在打算怎么办啊，旁边的人都好着急，你不着急吗？"如果你真的很生气，你爹娘会反过来哄你的。如果碰到这样的爹娘，恭喜你，你不会有这样的问题。

绿色性格大概是天下最淡定的父母了，他们心态平和，凡事包容且忍耐，他们相信"儿孙自有儿孙福"，甚至会觉得晚点结婚其实也没什么不好。反正自己也帮不上忙，就让子女自己拿主意吧。绿色性格很讨厌别人逼着自己做什么，当然也不愿强人所难。在绿色性格看来，婚姻更应该是子女自己的事情。子女若觉得结婚幸福，那就结婚；子女若还没找到合适的对象，那就慢慢找呗。反正只要子女们自己觉得过得去，那就行。绿色性格甚至都不太愿意去主动关心子女的恋爱状态，更不会逼着子女一定要结婚。这与绿色性格一生都信奉轻松和谐的人生态度密不可分。

电视剧《大丈夫》中，顾晓珺的母亲性格中便呈现出了很多的绿色来。她原来自己也觉得女儿找了个大 20 岁的老公不太合适，但是被欧阳剑几句软话一说，便觉得其实也不是完全接受不了，为了避免女儿和丈夫之间的矛盾，甚至还两边都安抚。大概再也没有比绿色性格更好说服的家长了。

● 不同性格子女被逼婚后的不同反应

红色性格子女——阳奉阴违

最容易受到外界影响和波动，如果外界压力变得特别大，就会变得特别烦躁，试图转移话题。

红色性格天性活泼开放，追求自由的情感，最不喜欢被约束。大部分的红色性格到了一定年纪却还迟迟未能走进婚姻的殿堂，并不是他们不想结婚，往往是因为红色性格追求情感的体验，总觉得最好的在后头，选择太多从而不知道选哪个是好，从而在不断的纠结选择和期待下一个的过程中，拖沓成"剩男剩女"。而就算是如此这般，红色如果被父母逼着去相亲，还是会反抗，找各种理由不去相亲，就算不情不愿地去了，也是阳奉阴违，交差了事。

电视剧《北京青年》里面的何西，就是因为被父亲唠叨得不耐烦，而且相亲对象是自己顶头上司的女儿，才不情不愿地去了，甚至还叫上自己的好哥们在旁边把关，随时准备找借口离开，这大概就是红色性格被父母逼着去相亲的典型对策了。电视剧里面何西正好对本来不愿见面的丁香一见钟情，但是现实生活中的红色性格就不一定那么好运气，有时候只因为自己想要一份自由的情感，即使相亲的另一半也许是自己感兴趣的类型，也不愿意被勉强。

▶ 蓝色性格子女——被动应付

听着父母数落的时候，不愿意告诉父母自己的想法，心里有主意，内心非常坚定，外表又非常冷静。

蓝色性格的情感深邃而执着，如果不能遇见自己喜欢的另一半，蓝色性格宁缺毋滥，愿意一直等下去。而蓝色性格对感情也相当地执着坚持，一旦遇见自己喜欢的人，也再难对其他人产生兴趣。所以如果被父母逼着去相亲，蓝色性格心中并不愿意直接与父母发生冲突，而对感情近乎偏执的他们又不愿意去相亲，这种矛盾只会让蓝色性格心中无比地痛苦。他们或许会使用各种理由不去相亲，即便是去了，也不会多发一言。

中国古代最凄美的"梁祝化蝶"，可谓代表了经典的蓝色性格爱情哲学。对于爱情，他们含蓄内敛，十八里长亭相送，情意绵绵，最后也没有直诉衷肠。面对父母的逼婚，他们宁可玉石俱焚也不愿自己的爱情被玷污，双双化蝶。现实中并不会出现化蝶这样的神话结局，可是他们对于爱情的忠贞不容侵犯，正代表了蓝色性格的爱情观。所以即便是父母相逼，也改变不了蓝色性格内心深处对于自由纯洁爱情的坚持和等待。

黄色性格子女——不以为然

内心有着非常强烈的主见，结婚不结婚是我自己的事情，跟你们没有关系，现在和过去也不一样了，他们要么不搭理，随便父母怎么跳脚；要么有理有据反驳，告诉他们不需要操心。

黄色性格从小就在任何事情上都明确地知道自己要什么，不要什么。他们对目标明确，有计划有策略有方法，而且他们总能证明自己是对的。如果性格中有比较多的黄色性格成分，他们对于爱情，一早就知道自己需要什么样的另一半，无论是在事业上能够助自己一臂之力的伙伴，还是因为黄色性格的征服欲想要征服原本在别人看来不可能的伴侣，黄色性格总是胜券在握。所以面对父母安排的相亲，黄色性格一般会不以为然，因为在他们看来，没有明确目标地去做事是没有意义的。

电视剧《大丈夫》中的顾晓珺性格中就有比较多的黄色性格，对父母亲的念叨根本不放在心上，自顾自爱上了比自己大 20 岁的教授，甚至把父母安排的门当户对的相亲当作掩饰自己恋情的挡箭牌，甚至还主动求婚，自己安排了自己的婚礼庆典。这样的霸气十足，大概只有性格中有黄色的人才能做到。

▲ 绿色性格子女——顺从、合作

相对最没有被逼婚的苦恼。因为他们本来就没有什么主见，也不愿意与家人有正面冲突，当父母逼婚的时候，就两手一摊说我也找不到，你们愿意就给我介绍吧。

在父母安排相亲这件事情上，绿色性格的子女大概是最合作的了，甚至父母亲还不用强行逼迫，绿色性格就颇为合作地去赴约了，因为绿色性格天性情感温和平淡，他们不像红色性格和蓝色性格对于爱情那么敏感，所以极少会在情感上主动采取行动。所以一旦父母安排了相亲，绿色性格不但不会抗拒，反倒会觉得省心省力。而且绿色性格对于爱情并没有强烈的情感起伏，对方给予小小的情感，他们就能给予反应，因为他们需要的也仅仅是那么一点点。

这本书的前作《写给单身的你》曾经写过一个观点，所有性格里最不容易成为大龄单身的是绿色性格，因为绿色性格比较好说话，比较随和，他们也没有过高的要求，差不多就行了，所以父母给他们压力，一般情况他们不愿意忤逆，直接就从了。

● 如何应对不同性格的父母逼婚

✗ 搞定红色性格父母的逼婚——安抚、配合

如果你爹娘是红色性格，最重要的事情是，面对他们的着急和逼婚，首先要安抚他们的情绪，记得你自己要有信心，不要被他们的负面情绪所感染，你自己很积极乐观就可以感染他们，你可以开自己玩笑，说会找到最好的，给父母准备些小礼物，让他们出去吃个饭，或者调侃"你们这么着急，那你们给我介绍呀"，你放心他们一定会去做的，不过决定权在你这儿。

▶ 搞定蓝色性格父母的逼婚——展示计划和行动

当你面对蓝色性格父母的时候，给他们讲道理，列出你的计划，说明合理性，千万不要拍胸脯说下礼拜就找一个，或者半年之内就嫁掉，这种话忽悠红色性格父母问题不大，但如果是蓝色性格父母，你只会加重他们的担忧。

面对蓝色性格父母，比较好的方法是和他们一起探讨你目前存在的危机、你的风险，解决问题需要多少时间，付出多少努力。你可以实事求是地告诉他们，之所以造成现在不结婚的原因是现在工作很忙，注意力没有放在上面，也遇到过几个不错的，但是没有进一步了解和发展，然后可以给爹娘机会，让他们帮你分析，帮你制定计划，在相亲网站上注册，或者参加相亲俱乐部，你可以和父母约好，每个月参加活动，对蓝色性格而言，你越逃避他们越担忧，越面对问题让他们觉得你有计划去执行，越能够让他们心安。

红色性格只要你把他哄得开心就可以，但是这招对蓝色性格一点用没有，你要让蓝色性格觉得你正在面对这个问题，并知道你有计划正在推进，他们才有可能放心。这个就是不同性格间巨大的差异。

所以，你完全可以和红色性格爹娘讲："我理解你们的苦心，在这个问题上其实我和你们的方向是一样的，我也希望有个好对象陪着我，你们也不用操心了，还能享福多好啊。"你千万不要和红色性格爹娘顶嘴，说再努力争取就好。

而对蓝色性格爹娘你可以说，"爸妈，高考前还模拟考好多次，那为什么结婚前我就不能多谈几次恋爱呢？我没有异性沟通经验，没有感情基础，我不了解对方性格，只是以貌取人，然后草率牵手，到时候婚姻肯定会有问题。万一离婚的话，受苦的不仅是我，你们二老不也遭罪吗？"

🏃 搞定黄色性格父母的逼婚——说明规划

面对黄色性格父母，在跟他们沟通之前一定要先想好，你要的是什么。如果你心里没有一个结论，可能沟通下来被他们牵着鼻子走，结果糊里糊涂开始了一段你根本不想要的恋爱，然后结婚后就没有了自我，痛苦万分。

所以，你自己要定下来想要用什么方式找对象，你的理由是什么，内心坚持度有多少。你要心理建设后，再跟你的黄爹黄娘过招，你要明确无误地把你的答案，用不强硬但是内心无比坚定的方式告诉他们，并坚持你的底线和原则。

你告诉他们，这阶段就是想专心工作，一年之内不打算找对象，你非常感谢爸妈的安排，但这个亲你不会去相的，即使他们用各种各样的大招，你都淡然以对，不要着急，不要态度强硬地去争吵，但你内心一定要坚定。

黄色性格内心尊重那些有主见并且坚持的人，在坚持的过程中千万不要情绪化，黄色性格最痛恨人情绪化。如果你有着自己明确的目标，告诉他们，让他们为你放心，不要逼迫你做不愿意做的事情，就会赢得你父母的尊重。

最后，把我的专著中的一句话献给各位，那就是：千万不要只是因为外界环境对你的逼迫而草率结婚，那样你此生会有无尽的后悔和痛苦的。

恋中

07.
写给不会追女人的你

如何吸引不同性格的女人？

也许你深爱的女子她并没有惊世容貌，也许在别人眼中她也未必有啥服众的魅力，但对你而言，她就是你的女神。有时可能你因为太过于重视她，反而不能很好地表达自己的情感，甚至给对方造成各种误会，最终与她擦肩而过。其实，恋爱也需要因人而异，对不同性格的女子用不同的示爱方式，才能获得美满结局。

如果你身边也有一个自己的女神，不知道该怎么搞定，你需要运用性格色彩读心术，看透她的内心。

✗ 追求红色性格女神——欲拒还迎

红色性格的女生渴望得到关注，所以当被小小地忽略时，总会心有不甘，更想得到对方的注目；本来以为对方不喜欢自己，却又对自己好的时候，就会情绪波荡，从失落到惊喜，这种失而复得、得而复失，对她来说是很刺激的，当若即若离的情感，蒙上了一层不确定的面纱，反而会让她更加地渴望得到，直至最后情根深种、刻骨铭心。

如果你身边有这样的女生，切记她需要你的关注，也需要不时地有小小的变化，偶尔忽略，让她以为你不在意她了，然后再给予更多的关注和呵护，会让她感觉更强烈。

这种过家家的伎俩，坦率说，我觉得太小儿科，但不得不承认，对红色性格这招的确管用，因为符合了她的心理需求。

类似这样的例子很多。曾经有一个男生痛哭流涕地向我投诉他

的前女友，说他无论如何想不通，他对女友死心塌地，每天除了工作所有时间都陪着她，她说去哪儿就去哪儿，说干啥就干啥，但最后她说跟他在一起没意思，主动提出分手了。其实，这就是因为女友是红色性格，需要不时地有些小变化和刺激，而非一成不变。情感中的"作"和"折腾"对红色性格而言，其实别有一番趣味。

特别需要强调的是，"欲拒还迎"这招，对于吸引男性同样适用。历史上运用这招最为娴熟和令人称道的莫过于北宋李师师。顺便说一句，我每次看到文字描写她在金兵面前宁死不屈，痛骂奸贼，慷慨赴死，不愿降金，愤而自尽的画面，都心绪起伏，难以平复，对这位奇女子敬佩不已。

据记载，宋徽宗第一次去见李师师，隐瞒了自己的身份，但他小手一挥，就是珍珠二颗，白金四百八十两。尽管如此，李师师还是让赵佶在外面坐冷板凳，出来也不屑交谈，最后勉强鼓琴三曲。而赵佶以帝王之尊屈驾妓家，花了大把的银子，只听了三个小曲，看了一副冷面孔，感觉却是极好的。原来，在深宫里，他每天都被女人争着献媚讨好，突然遇到一个不理自己的李师师，面对她的高冷，这个拥有无限权力的帝王第一次感到了自卑和渴望，他渴望走近对方，得到对方的理解。

作为历史上享有盛誉的青楼歌妓，李师师自有一套对付官人的心理学。她知道以色事人难保长久，只有把对方的胃口吊上来才能处于主动。吊胃口不能只靠巴结逢迎，在一个男权中心的世界里，女人若只知"爱的奉献"，下场大抵不妙。李师师深知，待客之道若是持续高冷，阴天过多，令人心灰意冷，寡淡无味，她有时也会在冷若冰霜中嫣然一笑，使战局扭转，让本来已无心恋战的赵佶又被挑逗起来，抖擞精神，投入到新一轮感情游戏。她的高明，正在于欲擒故纵和有节制的退却，虽然地位上她处于劣势，但她长袖善舞，多次拒绝赵佶要吸纳她入宫的心愿，创造了一种冷色调的诗情画意来对付赵佶，让这个男人只能一直围着她的石榴裙转。

李师师对宋徽宗的这场爱恋，交织着情感世界里的征服和反征服，这姑娘算得上是深谙性格色彩心理战的鼻祖。

▶ 追求蓝色性格女神——默默守护

经典好莱坞电影《廊桥遗梦》，刻画了一对蓝色性格的情侣——弗朗西丝和罗伯特，两人只有短暂几天的相处，却相互惦记了一辈子。由于弗朗西丝已有婚姻，所以罗伯特在那几天之后再也没有去找过她，却在心里想着她，直到临终前，还在遗嘱里提到了她。这种把对方放在心中默默守护的方式，如果是对待大大咧咧的女子，可能她根本体会不到，但对待细腻敏感的蓝色性格却很合适。

如果你身边有蓝色性格的女子，其实无须多说什么，你只要用做的方式让她体会到就可以了，因为她会把你做的一点一滴全都记在心里，不会忘记，而且这种女孩很理智，不会死缠烂打，所以你也不需纠缠她，而要与她之间有相互的体察和默契。

我的一位蓝色性格女性朋友，貌美如花，追求者众，但当她因为工作调动去了另一个城市时，只有一个男生什么也没说，默默地自寻门路，也到了她所在的城市找了一份工作，只为了能偶尔有机会见到她，这份不张扬却深沉的付出感动了她，也在后来的你来我往中催生了情感。

当蓝色性格爱一个人的时候，也许不会多说什么，因为蓝色性格觉得用嘴说的爱情比较肤浅，真正的爱不是用说话来表现的，而是用行动。同样，如果你爱一个蓝色性格，请你也用行动来为她做到一些什么，不需要大张旗鼓地告诉她，让她自己发现，她会更感动。

追求黄色性格女神——挑起征服

世界名著《乱世佳人》中的女主角斯嘉丽很有意思，她容貌美丽，性情骄傲，很多男生喜欢她，她也乐于获得男生的关注和追求，但她只要发现对方对她死心塌地，立刻就觉得没意思了。她之所以喜欢上一个已经有未婚妻的男人艾希礼，就是因为艾希礼不关注她，没有对她贴鼻子上脸地追求，让她感到自己的魅力受到了否定。这种被挑战之后想要征服和搞定对方的女生，性格中通常都有很多的黄色。因为她们有很强的目标感和控制欲，越是被打击，越要战胜对手，无形中，会把爱情当成竞赛。

所以，如果你喜欢一个黄色性格的女生，可以不用那么热情，也可小小地挑战一下她，勾起她的征服欲，也许会有意想不到的效果。

一位黄色性格的朋友告诉我，当初她在一群追求者中发现她后来的老公，就是因为这个男人不像其他人那样讨好她，而是既保持着朋友一般的热情和友善，又没任何非分之想，当她开始留意这人时，发现他自身很有料，能力也很不错，在专业问题上还经常和她PK，这挑起了她的兴趣，最后拿下了他，当然，这个男人其实也喜欢她。

其实斯嘉丽在性格色彩学中，并非典型黄色性格，而是红+黄。因为除了黄色性格以外，红+黄在情感中也想要征服对方（红+黄和黄色性格的差别，在性格色彩中级卡牌师课的性格组合内容中有详细讲解），他们的差别在于：

典型黄色性格的征服，只是为了达到一个目标——拿下对方，在征服的过程中，没有太多的情绪，也不会因为对方的反应让自己有很

黄色和红+黄性格征服欲的差异

大的情绪波动。

红＋黄的性格，在尝试征服对方的过程中，对方的话语和不认可的反应让他们的心情一会儿在天堂，一会儿在地狱，波动巨大，非常痛苦。

所以，如果你面对一个红＋黄的女生，除了要挑起她的征服欲之外，还要随时关注她的情绪，当她充满斗志要来征服你的时候，不用对她过于热情；当她感到被冷落、不开心、有负面情绪的时候，要关注和认可她多一点，这样不时地有些变化，会让你们的情感更有趣味。

▲ 追求绿色性格女神——博取同情

很多人都会说女人的同情心强，博取同情确实也是恋爱中常用的一招。但其实这一招并不是对所有性格的人都有效，最有效的是对绿色性格的女生。绿色性格同情心很强，很关注别人的感受，即便别人对她不好她也会为别人着想、替别人找理由，所以男生在用这招追求绿色性格时，绿色性格不怎么会有怀疑和防备，顺理成章地就会发展下去。

如果你喜欢绿色性格的女生，你可以尝试引起她的同情心，争取长时间的相处机会，让她对你产生依赖感，最后她就会希望你一直留在她身边。

记得我有个学员就是典型的绿色性格，她告诉我，她老公当年在大学校园里追求她的时候，先是装可怜，说自己是外地来的，没有同学愿意跟他一起吃饭，问能不能坐在她旁边，绿色女生同意了，所以，后来每天中午他们都在食堂一起吃饭，而且，男生会一直告诉女生哪个菜好吃，帮女生做选择，帮女生打饭，时间长了，就自然而然走到一起了。

其次，博取同情这招对于红色性格也很有效，因为红色性格女生容易心软，而且乐于助人，男生可怜的样子，容易勾起红色性格女生想要照顾对方的情绪。

一位学员告诉我，学习性格色彩卡牌师之后，她变成了公司同事们的咨询师，大家一有什么情绪或困惑就找她咨询，她也很愿意帮助别人。后来一位同事的朋友在聚会上认识她之后，知道她拥有用性格色彩给人做咨询的能力，所以也单独约她，倾诉自己的不如意和痛苦。她本着济世救人的情怀，多次和这个男生单独见面，倾听他的苦恼。日子久了，有一天男生告诉她，其实他对她一见钟情，之所以找她倾诉，是希望有更多机会相处。她这才恍然大悟，原来男生是在用"博同情"这一招。但是确实在这么久的相处之后，她也觉得男生是个挺不错的人，而且因为被需要被认可，她对男生有了强烈的好感，两人真的成了一对。

生活中不管你遇到的是谁，不管她们是如何地高不可攀，其实，她们也无外乎是红蓝黄绿四种性格，只要你把握住性格特点，用适当的方式表达最真挚的情感，就会事半功倍的。

最后，以电视剧《三生三世十里桃花》为例，再来验证下剧中不同性格的女神是如何被刚才所述的四招搞定的。也许你压根就没看过一眼这种玄幻剧，那么就看看这故事中亘古不变的人与人性格碰撞的真理。

红色性格的狐狸凤九遇到危险，被东华帝君救了。开始，凤九对东华是好感加感激，后来变成爱慕，越陷越深，甚至为了救东华不惜生命。在情感递进中，东华对凤九的态度经历了三个阶段：第一阶段，东华不在意凤九，态度冷淡，总对她说不须报恩，赶紧回家，别总跟着自己，但每次凤九危难，东华又总是及时出现救了她，这一来，凤九就蒙了，到底这个男人心里有没有她啊，越捉摸对这男人就越上心；第二阶段，东华安排了一次下凡历劫，自己变成了凡人，凤九也跟着下了凡，两人以凡人之身狂恋一场，让凤九过足了被呵护被宠爱的瘾；第三阶段，两人恢复了神仙角色，东华就像完全没动过情一样，对凤九依旧很冷，这下凤九就完全沦陷了，整天心里只想着东华一个人。

这就是搞定红色性格的"欲拒还迎"。

天族的子阑爱上了翼族的胭脂——一位蓝色性格的美女，因为天规有令，这二族不可结合，故此，子阑把这份感情藏在心里，从未表白，只是默默保护。胭脂开始不知子阑的身份，却敏感地发现了他对自己的好，也没明说，等到知道子阑是天族，明白两人不能在一起的时候，胭脂还是没说明自己的情感。后来，胭脂救侄女，需要一种特别的丹药，子阑用内力炼丹给她，受了很重的内伤也没告诉她，然后默默离开。自始至终，子阑对胭脂就是默默地付出，啥也不说，但胭脂尽数体会。两人分开多年后，胭脂带着侄女找到子阑，让侄女对他说声谢谢，说完之后，眼中满含期待看着子阑，但子阑克制了自己的情感，让她不要再来找他，胭脂万箭穿心，却依旧答应默默离开。这段感情，虽然结果不曾花好月圆，但胭脂心中对子阑已是非君不嫁了，即便两人没在一起，也不会再接受他人。

这就是搞定蓝色性格的"默默守护"。

这部剧里有一个反派，红＋黄的女孩素锦。素锦自小就对太子夜华有好感，后来发展成爱慕，因为得不到夜华，所以费尽心机搞出许多事害绿色性格的素素，素素也因此吃了不少苦头。但你知道素锦为什么会死心塌地地爱上一个不爱自己的夜华吗？究其根源，其实是被夜华的一句话给刺激了。夜华作为天族太子，爷爷给他安排了一门亲事，与狐族白浅联姻。当素锦发现自己喜欢的夜华居然要娶别人时，就跑去找他表白，但夜华冷冷地说："有本事，你就像白浅一样，让我非娶你不可！"这下刺激了素锦，挑起了她不达目的誓不罢休的欲望，导致这辈子都放不下夜华。虽然结局没成，但内心情感和欲望已经被彻底激发了。

146

这就是搞定黄色性格的"挑起征服"。

天族太子夜华喜欢上了一位善良柔弱的女子——绿色性格的素素，想追她却不知该怎么办，跑去问自己的小叔，小叔是个花花公子，给他支了几招，他都觉得不合适，最后决定用"博取同情"这一招。他假装自己受伤，倒在素素家门口，素素一见他浑身是血，觉得他好可怜，马上就把他扶进了自己家，为他疗伤。等到伤好了，他赖着不走，素素也不好意思赶他走，直到家里的米都吃完了，两人也相处了一段时间，素素对他也日久生情，两人就成了一对。

这就是搞定绿色性格的"博取同情"。

以上与四种不同性格的女子相爱的过程，就印证了性格色彩的大道至简。只要你能真正学透性格色彩这门工具，洞察到所喜欢的人的性格，因人施法，就能更快地让你对她的爱同时变成她对你的爱。

08.
写给不会追男人的你

如何吸引不同性格的男人？

写完上面那篇"如何吸引你的女神"以后，为了验证文章的效果是否神奇，就发给我周边的女性朋友们看了，她们观后陆续表达了强烈不一的愤慨。我开始以为，她们的愤怒是因为她们觉得这些方法实在太精准了，乐先生你怎么能把这些心法毫无保留地就这样教给你们男人呢？这样的话，她们岂非毫无防线，瞬间就被学过性格色彩的男人俘虏了，真没劲。后来才知道，她们恨得牙痒痒，真正的原因是：乐老师啊，你怎么不写一篇"如何搞定心中的男神"呢？天下女人，不懂男人者居多，终日活在苦痛之中，你若不写，实在太不公平了！你若不写，上面那篇也不要放进本书，否则你老人家会被示威游行的。故有此文。

既然决定写本文，在你开始阅读前，我要特别提醒性格被动的女性读者，我很担心你被"女人在爱情中要被动"这种屁话耽误了一生，就是在这样毒鸡汤的指导下，很多女子在恋爱中从未主动，总是姜太公钓鱼，愿者上钩，可等了半辈子，也没几个鱼上钩。你想想，铁丝是直的，垂在水面之上，又没鱼饵，鱼儿怎能跃出水面？就算能，怎会咬没点腥味的铁丝？在古代戏曲里，佳人见才子，要么回头一望，眼波流转，嫣然一笑；要么花园小径路过才子时，忽然掉了手中的锦帕，那才子才能逮到机会弯腰替她拣起来，她接过帕子，往往是看他一眼，掩嘴一笑，然后翩然而去，留得那才子怔在原地害相思病。你看，即便你胸大臀圆，美赛妲己，心似女娲，你也需要知道该怎样去吸引你自己喜欢的人吧。

✖ 搞定红色性格男人——发自内心的认可

红色性格男人，他们也许年纪已经不小却还如同少年一般，充满活力和冲劲，对待情感真诚而炽烈。他们擅长讲笑话，多半还有几个与工作无关的爱好，跟他们一起，生活是丰富多彩的。他们喜欢你，就会直接表达，不像蓝色性格男人那样绕弯；他们不开心了，就会毫无保留地对你倾诉，让你的母性情感勃发。

这种童心未泯的男人也有许多女子喜欢，只可惜他们虽然很容易跟你有互动，却未必会把你当作他们最重要的那个人。因为他们的交际能力强，朋友圈子广，也会遇到很多的选择。

法国总统马克龙是一位40岁的超级大帅哥，而他的夫人布丽吉特已经65岁了。当这对夫妻牵手出现在世人面前时，大家都很惊讶。其实从性格的角度，要搞清楚红色性格的马克龙为何爱上比他大25岁的女人，并不困难。

马克龙16岁时，布丽吉特是他的老师。就像所有富有才华的红色性格一样，马克龙不但成绩好，而且兴趣广泛，热爱诗歌和话剧，还会弹钢琴、跳探戈，是个标准的文艺青少年。重点来了，布丽吉特经常在课堂上表扬马克龙，甚至当着全班同学的面朗诵他写的诗，马克龙因此被同学们起了个外号——老师的小宠物。正是布丽吉特对他强烈的认可，让他喜欢上了跟布丽吉特一起探讨文学和艺术，两人越来越相互欣赏和爱慕。

更为可贵的是，两人一起走过了 20 年的岁月，虽然马克龙比布丽吉特小 20 多岁，照理说，布丽吉特比马克龙多了许多的阅历和经验，但她从来没有凌驾于他之上，而是无条件地支持和认可他。

在总统大选期间，曾有一名马克龙的助手，质疑布丽吉特为何可以出席高层会议，她微笑着回应："我是他粉丝会的会长。"简短的一句话流露出了对马克龙由衷的崇拜和支持。也难怪马克龙这个大男孩会始终不渝地爱着布丽吉特了。

我的一个学员是典型的红色性格，他告诉我，他在跟比自己家境好很多的女友相恋四年后，因为女友总是发大小姐脾气而分手，刚分手，就遇到了另一个各方面条件比前女友差很多的女孩，但这个女孩无比崇拜他，无论他做得好或不好，在这个女孩眼中都是最好的，于是，他们相恋四个月就谈婚论嫁了。结婚前，前女友来找他，希望能与他复合，他拒绝了。当时，他只是凭感觉做出选择，直到学习了性格色彩，他才明白自己这么做的原因是什么。

▶ 搞定蓝色性格男人——营造快乐的氛围

很多爱情影视剧中，常会有这样一种男人：话少，冷静，细腻，遇到问题从不急躁，静观其变，等到别人想破了头还不知道答案时，他才慢慢说出自己的看法，并一语中的。

这种男人往往很吸引女人。女人觉得他就像是一个百慕大之谜，越想探究，就越陷越深。其实，只要你懂得性格色彩，搞定这种男人并不像你想象中那样难。

成熟稳重是蓝色性格的特质，这种特质比较突出的男人，其实很容易受到活泼欢快的红色性格女人的吸引。因为蓝色性格沉静，容易使自己陷入沉思，而乐观的红色性格却拥有随时随地制造快乐的能力。

日本著名影星高仓健是典型的蓝色性格，他一生挚爱的妻子江利智惠美就是红色性格。两人最终离婚是因为性格之间的碰撞，蓝色性格的高仓健希望妻子待在家里、安守妇道，而红色性格的江利智惠美原本就有杰出的歌唱才华，婚后渴望复出，重返歌坛。虽然两人以悲剧结局，但高仓健一生都未再娶。两人初见并相爱时，正是江利智惠美被选为扮演小品剧"傻傻爱桑"这一角色的时候。"傻傻爱桑"是一个不怕困难、乐于助人并有些傻乎乎的小朋友，也就是一个标准红色性格的小朋友。这个角色在日本家喻户晓，万人爱戴。江利智惠美把这个角色演得淋漓尽致，逗人捧腹。

当然，还有一点很重要，就是时间。蓝色性格的心门是一点点打开的，你不能指望他一下子就和你海誓山盟，这在蓝色性格看来，十分草率且肤浅，吸引蓝色性格，你需要付出足够的时间。

现实生活中，红蓝配非常多。我们团队的一位女老师是红色性格，她的老公就是蓝色性格。结婚多年后，在她多次旁敲侧击的追问之下，她老公才告诉她，之所以爱上她，就是因为无论现实生活中遇到什么事情，她总能以积极乐观的态度去面对，这点是蓝色性格自身不具备的，也是渴望拥有的。

⚫ 搞定黄色性格男人——听话又有主见

由于男女生物属性的差异，强势而自信的男人往往比强势而自信的女人更受异性欢迎。当女人喜欢上强势自信的男人时，要么是想得到他的保护，要么是想挑战和征服他。对想被保护的人而言，需要读懂强势男人的心灵密码，知道怎样可以最大限度地得到对方的爱怜而非鄙视；对想挑战和征服男人的女人而言，需要把握好尺度，让对方有兴趣与你玩征服游戏，而非真的变成你的敌人。

黄色性格理性，以目标为导向，掌控欲强，没有兴趣处理花前月下的浪漫。如果你喜欢上了霸气的黄色性格男人，记住，征服他们的方法是——做一个既听话又有主见的女人。

这两个词看起来矛盾，却恰恰是黄色性格想要的伴侣的样子。"听话"，指的是不情绪化，不任性妄为，愿意倾听和尊重黄色性格的想法。"有主见"，指的是具有一定的独立性和自己的见解，不过度依赖另一半，即便黄色性格去忙自己的工作了，顾不上你，你也能把自己的生活安排好，承担起应该承担的责任。

一次课堂上，我采访一位黄色性格学员，问他的择偶标准是什么，他说，除了外在的一些条件外，有个重要的标准就是"懂事"。他之所以选择他的妻子，就是因为在一群符合他要求的女子中，他的妻子在"懂事"这方面比其他女生高出一大截。"懂事"就意味着该听话时听话，该独立时独立，外表这个东西不能当饭吃，短期也许会被迷惑，但是长期来说，对专心做事的男人来讲，唯有伴侣"懂事"才能让后方大本营安稳。

▲ 搞定绿色性格男人——帮他做决定

近年来，世面上流行的"暖男"这个词，大抵剑指绿色性格的男人。绿色性格性情温顺、包容、不情绪化、愿意照顾人，像电影《超能陆战队》里的机器人"大白"一样。绿色性格做男主角的电视剧很少，原因除了绿色性格的感情戏不丰富以外，还有绿色性格的欲望度很低的因素。如果没有身边人的持续推动，他们一般不太会有主动意图走向人生巅峰这样的事。

绿色性格的被动，堪称全领域覆盖，他们随时需要另一半的推动。就像《射雕英雄传》里的郭靖，如果不是黄蓉费尽心思为他制造机会，他绝无可能走到一代大侠的巅峰。

在情感中，绿色性格是被动的，他们缺少主见和想法，所以，如果你喜欢绿色性格的男人，请不要武断地认为，但凡男人都是主动的，切莫等他主动来找你表白。即便他心里喜欢你，依旧需要你制造些机会，让你们能够经常在一起；同时，你最好帮他拿拿主意，比如，带他去挑衣服，给他多些生活方面的建议，将你俩的关系越来越紧地绑在一起。

　　我们公司有个同事是绿色性格，刚进公司时，大家都很好奇，他怎么和一个那么强势的女朋友在一起。在群众挖根究底后，得到的答案令人咋舌。原来他和女友是研究生同学，女友比他高一个年级，本来不是一个小组，可那个女孩觉得他成绩好，觉得做项目时能用得上，就主动找他，要他到自己的项目组来，他就去了。去了以后，女孩总是使唤他做事，因为他是绿色性格，无论怎么被使唤，都不会抗拒，反而觉得有个人告诉自己往哪儿走，是件很不错的事，最后，两人就顺理成章地在一起了。

　　学完以上四招，我特别希望你明白的是，天下众人嘴巴上总说只要有真爱万事都可解决，但遗憾的是，现实是仅仅有真爱，不懂性格两个人也绝无可能走到最后。更加可惜的是，很多人明明因为自己性格的原因，没去关注对方的需求，满足对方的需求，分开之后却把一切归因于"没有缘分"，扯淡而已，这其实本质上是一种逃避。

　　这四招，我并不是要你机械地去模仿，两人的情感互动中，可能会有很多微妙的差别和变幻，但只要你牢牢地把握住性格的规律，记住：用适合他性格的方式和他相处，便可以万变不离其宗。

虽然不得不承认，对于年轻人，我已经算是老人家了，为了与时俱进，最后，依旧如同上篇我提《三生三世十里桃花》一样，借助热门电视剧的人物分析，再来验证下刚才对四种不同性格类型的这四招。

在《琅琊榜1》中，胡歌饰演的林殊是红＋黄性格。因为遭遇灭门惨案，他饱受冤屈，身体受到极大伤损，容颜剧变，整个人深沉了许多，不再像少年时那样意气风发、张扬跳脱，但不管个性怎么改变，他的性格并没变。他的恋人——刘涛饰演的霓凰郡主，是红色性格，无论是十三年前还是十三年后，无论别人怎么说，她始终单纯地相信，她的爱人绝不会是坏人。重逢之后，霓凰认出了林殊，并且毫不犹豫地表示了对他的信任、认可和崇拜。正因如此，虽然林殊身边也有其他美丽女人追求，但他丝毫未动心。在最后去边境杀敌前，与霓凰订下了来世婚约。

这就是第一招，对待红色性格童心未泯型男人，发自内心的认可很重要。

《琅琊榜2：风起长林》中，黄晓明饰演的长林王世子萧平章，就是成熟稳重的蓝色性格，他足智多谋，凡事谋定而后动，散发着强烈的成稳感。佟丽娅饰演的蒙浅雪是红色性格，一副傻傻好骗的样子，和他从小青梅竹马。她才十四岁时，萧平章就求皇上赐婚，娶了她。之所以红色的蒙浅雪能吸引蓝色性格的萧平章，就是因为她天真活泼，能让他从绞尽脑汁的权力斗争和凶狠歹毒的宫心计中暂时走出，拥有一种不需要猜忌、简单快乐的爱情生活。例如，京城发生瘟疫，萧平章不希望蒙浅雪出门，但他清楚红色性格的蒙浅雪在家里待不住，就骗她，为了找到治疗瘟疫的药方，要她从无数典籍中找到有"上古拾遗"四个字的一本书。蒙浅雪对萧平章的话深信不疑，就开始疯找。这样，萧平章既可以不用担心她出门，自己又可以去忙重要的事情，晚上忙完回来，蒙浅雪还在找书。看到老婆很傻很天真，蓝色性格的男人笑得很欣慰。

这就是第二招，对待蓝色性格成熟稳重型男人，营造快乐的氛围很重要。

《甄嬛传》中，几乎所有女人都围着一个男人转，他就是雍正皇帝。这部剧中的雍正，是黄色性格。虽在花丛中流连，但他骨子里是理性的。他可以为了稳定重臣的忠心，任由华妃在宫中飞扬跋扈，又赐给她欢宜香，让她绝后，以免母凭子贵，他日权力倾斜。甄嬛得宠于雍正，又失宠，再得宠，这个过程正是雍正的性格导致的。一开始，甄嬛的主见、特立独行、不献媚、不邀宠吸引了雍正，雍正为了她甚至举办了一个类似民间的婚礼，还许诺她可以叫自己"四郎"。后来，雍正觉得甄嬛太有主见、不听话，渐渐对她不满。最后，甄嬛终于摸清了雍正的性格，开始懂得把握"听话"和"有主见"之间的平衡，做到既"听话"又"有主见"，终于一步步登上了皇贵妃的宝座。

这就是第三招，对待黄色性格的内心坚毅强悍的男人，既听话又要有主见。

《武媚娘传奇》是一部讲述武则天和李世民、李治父子二人情爱纠葛的电视剧。李治是绿色性格，包容心强，对武媚娘一直顺从照顾。但是，对他而言，武媚娘是他父亲的宠妃，他娶武媚娘为后，礼法难容。绿色性格天性温顺被动，如果没有别人推动，无法做出这样的事情。好在武媚娘的性格中有很多黄色成分，极有主见，她与李治相处时，并没像其他嫔妃那样，事事听命于李治，反而会给李治出主意，甚至在国家大事上，她也有自己的看法，可以指点李治。如果换了其他性格的皇帝，恐怕早就把媚娘治罪了，但媚娘的主见，恰恰是绿色性格的李治所需要的。

这就是第四招，对待绿色性格温顺大白型男人，帮他做决定很重要。

所以，我一直说，如果你只是为了看电视而看电视，纯粹为了娱乐放松，未免太亏了，有了性格色彩这个随处可用的工具，你可以随时把任何貌似无用的信息转为对你有启发的思想。

09.
写给眼花缭乱的你

同时喜欢几个人怎么办？

网上看到一帖，发帖人说他喜欢两个女生，一个是人间极品，看一眼自己魂魄俱散；另一个，相貌不惊艳，但看上去舒服，斯文，平时不说话，一开口就特有文化。于是，发帖者就说自己很纠结，不知该追哪个，还举了个例子，"要是在古代多好，做个大户，跟《大红灯笼高高挂》里那样，把两个都娶了，貌美如花的做妾，夜夜临幸；斯斯文文的做正宫，可我知道这是白日梦，我到底该怎么办？谁能给我出出主意啊！"

帖子下面，女网友开始猛批这个人，花心的男人，如你这般要么阉掉，要么去死，打入十八层地狱，永世不得翻身，想两个都要，你算老几啊！但还有些网友就说此人坦诚，人之本性，不论男女，都会有这个想法，骂人女子，难道你就没有同时喜欢过两个人吗？自己道貌岸然，不敢承认罢了！

看到这番争论，想起李碧华《青蛇》里的那段话，"每个男人都希望他生命中有两个女人：白蛇和青蛇。同期的、相间的，点缀他荒芜的命运。只是，当他得到白蛇，她渐渐成了朱门旁惨白的余灰，那青蛇，却是树顶青翠欲滴的嫩叶子；待他得了青蛇，她反是百子柜中闷绿的山草药，而白蛇，抬尽了头方能得见的天际皑皑飘飞柔情万缕的新雪花。每个女人也希望她生命中有两个男人：许仙和法海。是的，法海是用尽千方百计博你偶一欢心的金漆神像，仰之弥高；许仙是依依挽手、细细为你画眉的美少年，给你讲最好听的话语来熨帖心灵。但只因到手了，他没一句话说得准，没一个动作硬朗。万一法海肯臣服，又嫌他刚强怠慢，不解温柔，枉费心机。"

若你常常会同时喜欢上几个人，不出以下原因。

● 原因之一：多情

红蓝黄绿四种性格中，红色多情，蓝色长情，黄色无情，绿色温情。因为红色性格天性中情绪起伏很大，容易被新鲜事物吸引，容易动情，也容易处处留情；蓝色性格天性保守、情感内敛，宁可固守着一份情，不愿轻易做新的尝试，容易长时间保持专情；黄色性格理性且果断，更注重事情而不是感受，一旦遇到问题，为了解决问题，可以把情感放在一边；绿色性格平和且关注他人感受，缺少激情，擅长细水长流的温吞情感模式。所以，最容易因为多情而喜欢上几个人，难以分辨轻重的，当属红色性格。

《天龙八部》中的段正淳正是红色性格。他临死时，对着情人们逐个表白，连痛恨他花心的女子也忍不住动容。在金庸老先生眼中，段正淳这个多情胚子对每个女人都是真爱，别无轻重深浅。当然，由于社会观念的影响，如果一个女人像段正淳那样多情且公开，必遭天下围剿，但这并不代表多情的都是男人，有些时候，女人更多情。

法国女作家乔治·桑也是红色性格。她一辈子不知疲倦地写作与恋爱，对男人有超乎寻常的激情，并以其庞大的名流情人帮而闻名于世。18 岁婚后，她因不能忍受丈夫的平庸，开始了一次次红杏出墙，她的绯闻名单中，既有缪塞、李斯特、梅里美、肖邦、福楼拜等诸多天才，也有法律系的学生，为她看病的医生，还有帮她办离

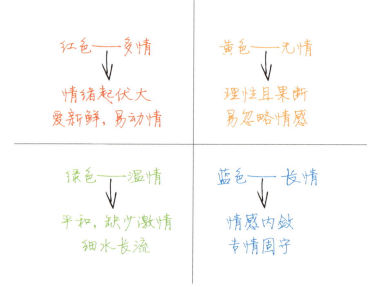

红色——多情

↓

情绪起伏大
爱新鲜，易动情

黄色——无情

↓

理性且果断
易忽略情感

绿色——温情

↓

平和，缺少激情
细水长流

蓝色——长情

↓

情感内敛
专情固守

不同性格的情感流速和流量

婚手续的律师，别说当年，即便放在现在，她也算功夫惊人。当外界抨击她时，这个不受世俗束缚的女人回答，像她这样感情丰富的女性同时有四个情人并不多。并且她还借自己的作品向外宣称："婚姻迟早会被废除，一种更人道的关系将代替婚姻关系来繁衍后代。一个男人和一个女人既可生儿育女，又可不互相束缚对方的自由。"

当然，如果你也是一个享受多情且毫无烦恼的人，可能就没有必要看这篇文章，既然你看了，假定你有苦恼，你也想选定一人长相厮守，但就是无法决定，那么很有可能，第二个导致这个问题的原因，你也会中枪。

● 原因之二：贪心

换个说法，贪心又叫"纠结"。

说到纠结，我在"乐嘉"微信公众号的微课专辑《性格色彩读心术》第 11 讲专门分析了什么性格最纠结，诸位可以去听。假如，你未曾听过，此处可以简单作答，那就是——四种性格中，黄色性格最无纠结之苦。

⬛ 黄色性格 ——明确地知道自己喜欢谁

盖因黄色性格非常有主见，做事讲求利弊，会努力追求价值的最大化，而且做事擅长抓重点。我之前说过，对黄色性格来讲，婚姻是他毕生追求的成就之一，所以，在选择伴侣时，只要他觉得这个女人和他在一起能够相互扶持，帮助彼此达到人生的高峰，那就是这个人了。当很多选择摆在黄色性格面前时，他会快速评判，盯住自己最满意的选项，然后把其他选项全划掉，再对他最满意的对象全力出击，这个过程是很快的，故而黄色性格毫不纠结。

⬛ 绿色性格 ——不做选择

绿色性格是四种性格里最没主见的，所以，他们不是纠结，而是根本就不做选择。他们主动做选择的欲望不强，巴不得别人帮他们来拿主意，对他们而言，如果自己对 A 和 B 两个选项，感觉和相处都差不多，还不如让父母和朋友做主，拍板替他们做决定，那多好，所以，同时喜欢上很多人又纠结选哪个的情况也不会出现在绿色性格身上。

黄色的不纠结 VS 绿色的不纠结

有明确的选择标准；对自己有价值

哪个都行；看外在推动

✗ 红色性格——多情贪心，最纠结

故而，最纠结的，只有——红色性格。

红色性格想法很多，但就是不知道哪个想法是最好的，他们巴不得有个方法，把他们想要的东西全部拿下。如果你仔细观察，就会发现，身边那些纠结找工作啊，纠结放假去哪儿玩啊，纠结选什么衣服的人，基本都是红色性格，就是因为他们什么都想要！

回到主题，到底为什么一个人会同时喜欢上很多异性，且无比纠结呢？原因非常简单，就是因为他是红色性格，他什么都想要，这个红色性格的男人，既想要自己的女朋友貌美如花，还想要她学历高、工作好，性格时而柔和，时而刚强，能带孩子，能下厨房，啥事儿都顺着你，还不会受到其他男人的勾引；红色性格的女人，既想要自己的男朋友长得像小鲜肉，又想让他有大叔样，穿衣有品位，有房有车，哪有这种自相矛盾又什么都想满足的人呢？即便茫茫人海之中真有这样的极品，这辈子能轮到你的概率有多少呢？

在纠结的问题上，很多初学性格色彩的朋友会有疑惑，蓝色性格考虑问题翻来覆去，不是也很纠结吗？那我只能说，阿弥陀佛，施主，你着相了。

▶ 蓝色性格 —— 慎重分析后知道自己选择谁

真正的蓝色性格只是因为追求完美，做决定才很慢，他们会把所有的选项都考虑得非常仔细，会权衡选择之后的风险，在选择前，他们会尽量确保安全系数最高，彻底分析完了才行动，这跟红色性格完全是天壤之别，因为红色性格在做了决定之后，仍然会后悔，吃着碗里的看着锅里的，经常会想当初要是选择那一个该多好，当初为什么要选择这个！

分析了这么多，就是想告诉你，如果你同时喜欢上两个人或很多

人，并且长时间纠结究竟选哪一个，那很有可能，你就是典型的红色性格。

● 如何选定自己要的那个人

如果你就是那个在生命的某一刻，同时喜欢上两个人甚至很多人的红色性格，那该怎么办? 真正的答案是，喜欢就喜欢了呗，喜欢的感觉无法掐灭，无法割断。由心而发是你的本性，用任何方法武装自己都是与心违背，所以，喜欢就喜欢了呗，没啥大不了。但是，如果你要确定跟一个人一起过日子，那可就不能那么急了，有时什么都想要，什么都得不到。做减法的道理，人人都懂，但是实际操作很困难，以下几步，你可试之。

第一步，冷静一段时间

红色性格喜欢一个人，很多时候是一时冲动，被对方某个闪光的特质吸引，可能过段时间，对方身上的闪光点对你来说就没那么重要了，所以，你需要先让自己冷静一下，让自己先去忙一忙工作和生活，然后，隔一段时间，再回头看一看自己喜欢上那个人，是不是冲动导致的。

第二步，冷静后，重点看这人的缺点

婚前，你可能因为沉醉于甜蜜的爱情之中，会对缺点视而不见，

比如喜欢打游戏啊，不怎么叠被子啊，喜欢熬夜啊等等，你会自我安慰说，这是小事情，完全不用考虑。可婚后，这个当年不起眼的小毛病就会被你无限放大，越看越不顺眼，甚至成为，平时生气吵架的导火索。当你同时喜欢上几个人的时候，请客观评判他们身上有哪些缺点是你不能接受的，不然，即便跟他最终走到了一起也不会快乐，终有一天会大战爆发。

同理，在情感领域之外，如果你是一个容易纠结和贪心的红色性格，如果你想让你的事业发展得更好，让你的人际关系更顺畅，修炼自己，做减法，这是一生都必须要去做的功课。只有将爆发力聚焦在最得心应手的点上，才能发挥出那束耀眼之光。

10.
写给痛苦暗恋的你

如何将不同性格的暗恋转为明恋？

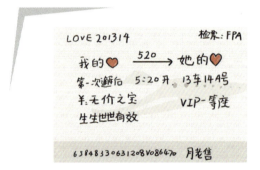

电影《芳华》讲的是 20 世纪 70 年代部队的文工团，一群年轻人在爱情萌芽时的故事，其中牵涉一个话题，就是暗恋。无论在那时还是现在，年轻人都有过一个朦胧的对爱情充满幻想的阶段，容易暗恋，想要表白又不知该怎么表白。当你暗恋一个人的时候，如何将暗恋转为明恋，让对方接受你的心意呢？

《芳华》中有两段暗恋都不成功。

第一段失败的暗恋，是刘峰对林丁丁的暗恋。

刘峰是文工团的一名文艺兵，因为一辈子学雷锋，只做好事，常受嘉奖，在众人心中，他就是完人。东西坏了，刘峰修；猪跑了，刘峰抓，理所当然地，"有困难，找刘峰"。他在抗震救灾时弄伤了腰，不能跳舞了，领导给了他一个去干部学院进修的名额，他都让给了另一个人，在大家心目中，他就是不食人间烟火的道德真君啊。可其实，他一直暗恋着文工团的独唱演员林丁丁。

林丁丁是团里的"女神"，暗恋她的人一排溜，有的送吃的，有的给她拍照，有的送手表，她早已习惯了被众星捧月，所以，当刘峰这样一个老好人总是出手帮她时，她并没啥感觉。有一次，刘峰请她去看自己手工制作的沙发，她坐在沙发上，忽然刘峰对她表白，在她感到惊讶和突然之际，刘峰的激情一时没按捺住，双手环抱窈窕淑女。不巧，这一幕被路过的群众看见了。

这次表白，结局悲惨，林丁丁告发了他，说他"要流氓"，他的形象在众人心目中一落千丈，被"发配"去了伐木连。

从性格角度来分析，林丁丁是红色性格，喜欢成为众人关注的焦点，喜欢被捧在手心，而刘峰也是红色性格，为了做个"好人"一直压抑自己的情感，从未流露和表白，压抑久了，一旦释放出来，止不住的汹涌。他甚至没想过用什么方法表白最有效，就冲动地说了抱了，丝毫没想后果。

抛开时代的影响，单纯从情感角度分析，刘峰的表白失败在于他一时冲动，没考虑任何的方法和策略，这种表白方式，除非对方也非常喜欢你，才有可能成功。一般来说，当完全不知道你的心意，突然被暗恋他的你表白，对方因感到不适应而拒绝你的可能性非常大。

第二段失败的暗恋，是肖穗子对陈灿的暗恋。

肖穗子是舞蹈队的领舞，陈灿是小号手，两人一直相处得不错。肖穗子出黑板报，陈灿特意给她带了两个西红柿。陈灿吹小号的样子很帅，肖穗子看得入了神。

和刘峰一样，肖穗子暗恋陈灿很多年，一直埋在心里没有表白。陈灿车祸撞掉了门牙，如果没有黄金做底托来补牙，就无法继续吹小号，只能转业了。为了帮陈灿补牙，肖穗子把妈妈给她的金项链拿出来给了陈灿。虽然肖穗子对陈灿这么好，但陈灿还是不知道她的心意，两人就这么以朋友的方式一直相处到文工团解散。

在离开的车上，肖穗子趁着陈灿不在，写了表白的小纸条塞进陈灿装小号的盒子里，可这时肖穗子的好朋友郝淑雯告诉她，自己和陈灿恋爱了，这对于肖穗子而言无异于晴天霹雳，她趁着大家不注意，又悄悄地把表白的小纸条从陈灿的盒子里拿出来撕碎了。自始至终，陈灿都不知道肖穗子喜欢过他。

从性格角度分析，陈灿也是红色性格，或许他对肖穗子也是有好感的，但是粗线条的他并没有察觉肖穗子对他的心意。而肖穗子却在无尽的等待和矜持中消耗了太多的时间，如果她早一点表白，也许和陈灿恋爱并结婚的人就是她，而非她的闺蜜郝淑雯了。

所以，表白一事要讲究方法，不能冲动，也不能一味等待，否则你的人，也许就是别人的人了。

说了这么多，究竟该如何向暗恋的人表白？归根结底，还是要看他的性格。

✳ 对红色性格暗恋对象

一位红色性格学员在写给我的信中，讲述了她黄色性格的老公当年在追求她时，如何将暗恋转为明恋的成功案例：

我和老公是大学里认识的，我们不同年级、不同班，是在上选修课时认识的。我学广告学，我老公学计算机，因为他很爱学习，所以选修了广告学专业的课程。我们一起在阶梯教室里上课一个学期，我都没留意过他，快考试的时候，他过来找我借笔记。

我借给他笔记时，他留了我的联系方式，后来，他找我还了一次笔记，送到我的宿舍楼下，当时也没多说什么。考试结束后一段时间，他联系我，说考了100分，多亏我借给他笔记，一定要感谢我，要请我吃个饭，不然他心里过意不去。

吃饭时，他说他一直想找个安静的自习教室，但总是找不到，很苦恼。我看他挺急需的，就告诉了他我常去的那个自习教室，那里周三和周四晚上特别清静，最多三四个人在里面自习。

后来，每周三周四，我都能在那个教室里遇见他。一来二去的，也就混熟了。

红色性格乐于助人，所以，找红色性格的暗恋对象借东西，请求帮忙，往往是一个很实用的搭讪方法。

但搭讪只是第一步，在没建立情感之前，贸然表白，只会让红色性格的人产生不安情绪，所以，第二步需要创造两人经常见面的机会，打开情感交流的管道。

他老家是山东的，不时会拿给我一些土特产，大枣、核桃、肉干之类的，都挺好吃的，每次给我的都是足够6~7个人的分量，让我拿回寝室分给室友们。次数多了，室友们也留意到有这么一号人物，总是起哄说他在追我，其实他那时可啥都没表示。

针对红色性格乐于分享这个特点，案例中的老公给红色性格送礼时兼顾了她的室友们，让她可以把东西分享给别人，这样他也会得到大家的认可，从而对他有了更多的好感。

　　跟他关系逐渐走近以后，我真的把他当作了好朋友。后来我们常去的那个教室人逐渐变多了，去晚了就没有位置，所以后来每次去自习教室，如果我先去，会替他留个位子，如果他先去，也会替我留个座儿，这成了彼此的默契。

　　再后来，他就约我去操场上散步谈心，这时，我心里已经开始有感觉了，但他还是没说破。这样过了几次之后，他有一次把我带到校园里一个幽静的地方，跟我说："我有样东西要送给你，但是不告诉你是什么，你要自己找，找到了就是你的。"这一下，把我的好奇心激发了，我在那里东找西找，找了半天没找着，他也沉得住气，就站在那儿笑眯眯地看着我，后来我终于找着了，在一丛灌木里面藏着呢，是一大捧玫瑰花，我觉得又惊喜又害羞，这时，他就过来拉着我的手表白了。

　　红色性格对情感有强烈依赖，一旦你让他开始依赖你，他就不会轻易拒绝你了，这时你再慢慢拉近彼此的关系。重点是，这位学员的老公用了巧妙的激发红色性格好奇心的方法，让她自己寻找表白的信物——玫瑰，从而让这个过程变得轻松、好玩、有意思。

　　这就是针对红色性格暗恋对象表白的例子。总结来说，针对红色性格，可以设法让他主动帮助你，创造两人经常见面的机会，让他因为你而得到大家的认可，逐渐对你产生好感和依赖，拉近彼此的关系，并且可以用游戏和好玩的方式来表白，尽量消除他在这个过程中的紧张感，让他能够轻松地接受你。

▶ 对蓝色性格暗恋对象

因为蓝色性格是保守的、谨慎的、敏感的，所以可以先保持距离地观察他，了解他的喜好和习惯，找到一个可以跟他进行深度交流的契机。比如，如果他喜欢看书，经常去图书馆，那就可以去图书馆看他看的同类书，当你钻研到一定程度，对这类书已经非常了解的时候，再设法和他交流，因为大多数人都不会那么深入钻研一门学问，所以，他和你交流的时候，会有知音的感觉。当你和她有共同语言之后，再顺理成章地表达自己对他的好感，话不用说太满，他一定可以体会得到。

日本电影《四月物语》，讲的就是蓝色性格女生追求蓝色性格男生的故事。话说北海道的少女卯月考上了东京的一所大学，第一堂课每个人都要做自我介绍，说说自己为什么选这所大学。卯月表现得很紧张，也没回答。其实她在上高中时，就暗恋一个比自己大一届的男生，叫作山崎，因为山崎考上了这所大学，所以卯月才奋斗了一年，也考上了这个学校，但是她来了，也不直接跑去表白，而是打听到山崎学长目前正在一家书店打工，于是，她没事就跑去那里选书，还偶尔让山崎帮她去书架顶端够她够不到的书，一来二去，两个人就熟了。终于有一天，因为下大雨，书店再没客人来，她也走不了，两人才开始攀谈，而蓝色性格的男生此时才意识到，自己已经迷恋上了眼前的这个女生，因为女生的这种长期追求和接触，在他看来，优雅而高级。

👤 对黄色性格暗恋对象

黄色性格在意的是你能为他提供怎样的价值，所以，搞明白他当下需要什么很重要，你可以展示给他，你有他需要的能力或资源或经验，但不要急于给予，让他在有需要的时候会想到你，这就够了。让他主动找你，远比你主动找他要好得多。

记得曾有一位网友，苦于不知道如何追求黄色性格的女生，两人不在同一城市，只能通过 QQ 交流，之前也聊过很多，只是不知道对方的心意如何。我告诉他："你去追她是没用的，有一个方法可以测试她对你的心意。你先把 QQ 隐身，关注她一段时间，当你发现她每天都在什么时间上线之后，你就在每天她上线的时候，同时让你的 QQ 上线，就让你的头像亮在那里 15 分钟，如果 15 分钟之内她都没有主动和你说话，你就下线。连续重复这个动作一个星期，如果一个星期她都没有主动和你说话，那你就不用想了，肯定没戏。"当黄色性格越来越强烈地意识到你的价值之后，自然会愿意跟你更多地交往，这时不需要过多地表白，你们自然而然就能走在一起。

《前任 2：备胎反击战》里面，小女生伊泽喜欢大明星余飞，两人在短暂接触并且一夜风流后，大明星就把她甩了，她很失望，想要把他追回来，别人就给她出招了，说你这样求人家不行，你得换个招数，挑起他的征服欲，让他反过来追你，而且越难追越好。于是这个伊泽，就开始精心打扮，丑小鸭变凤凰，闪亮变身在大明星余飞面前，余飞擦了擦眼发现是老熟人，就开始在电梯里面欲行不轨，伊泽心里很开心，但全力反抗，甚至还打了他一巴掌，不但不让他进家门，而且当这个男人问她"那晚我给你的感觉怎么样"的时候，伊泽说"一般……"然后转身离去，只留下沉默不语的余飞一言不发留在广场中央，秋风萧瑟，备感侮辱，情绪爆棚，"一般一般！什么一般！哪儿一般！一般一般！你们全家都一般！"于是全力出击，势必要搞定眼前这个妹子！

这其实就是对待暗恋对象是黄色性格的方法，你必须要变得足够优秀和难搞，挑起他的征服欲，表面上看起来是他在追求你，但其实这一切都是你为了追他而造成的假象罢了。

▲ 对绿色性格暗恋对象

绿色性格是很容易被动接受一段恋情的，故此，对绿色性格主动出击最重要，而且一定要先下手为强，当然在表白的过程中，也不要给她过大的压力，绿色性格骨子里不愿承担过大的责任，所以只要轻轻松松地和她走在一起就好了。如果你觉得绿色性格很难追，那多半是因为绿色性格身边或背后有人在影响她，这时，你可能需要把影响她的人找出来，并且搞定他们。

日本纪录片《人生果实》，讲的是90岁的老头和87岁的老太，两人这辈子都在小村里自己种蔬菜瓜果，自己做饭，自己靠手工造自己的房子和庭院。这位老头子是蓝色性格，主管整个环境设计和每天日程安排，而绿色性格的老太太，一生都围着老头子转，他安排什么，自己就做什么。老太太小时候是造酒厂老板的独生女，老头子以前是大学帆船部的选手队长，来比赛没地儿住，身为队长的他就去找年轻时的老太太协商，说你家的酒窖能不能借我们住，当时还是小姑娘的老太太一看他穿着麻布做的皱巴巴的裤子，还有草鞋，就说好啊。在那一瞬间，这位帆船队长就喜欢上了眼前的这个姑娘，也因为对方是绿色性格，所以，暗恋转明恋很简单，基本就是跟她聊一些帆船知识，约她看比赛，走了之后，保持书信往来表达爱意，很快两个人就结婚了。

记住，面对绿色性格，啥力气也不用费，不用暗恋，直接表白即可。

11.
写给不懂表白的你

如何对不同性格表白？

　　两人爱到差不多的时候，如何表白才能一击即中呢? 有一次，一个 90 后问我，是否他学会"壁咚"以后将所向披靡? 我被弄得云山雾罩，虚心请教了 00 后，才豁然开朗，原来男子将女子逼到墙边，靠在墙上发出"咚"的一声，让其无处可逃，是为"壁咚"。

　　90 后的这个问题，我转问了我女儿："灵儿，如果幼儿园里你们班有几个男生都想跟你玩，可是你只能选一个，你会选那个把你堵在墙角说你一定要跟他玩的那个男生吗?" 她想都不想，斩钉截铁地告诉我："爸爸，我不喜欢别人堵住我，我要和谁玩，我自己会选的。"乖乖隆地咚，额的娘啊，她才五岁! 现在，90 后的小兄弟，你知道了吧，壁咚并非什么"花见花开，人见人爱"的必杀技，这种雕虫小技也仅仅适用于某类性格。

● 不同性格如何表白

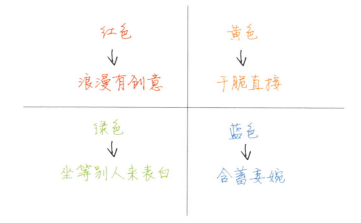

我们首先要搞清楚，不同性格最擅长什么样的表白方式。

◪ 红色性格——浪漫且富有创意

红色性格，众所周知是四种性格里面最浪漫，也最爱搞浪漫的类型。他们最喜欢的表白方式，就是在一个极其优美的环境里面，在道具或装饰的烘托之下，或在亲朋好友的加油鼓劲下，用自己的热情去感染对方，让对方在欲仙欲死的激情下仓皇答应，沉溺于两人世界的幸福之中。

连续剧《金粉世家》，男主角金燕西是一个红色性格的富家少爷，他的表白方式就是在女主角上学的教学楼对面，挂起两个巨大的对联，红底白字，写上：冷清秋我爱你，I LOVE YOU。再比如，《泰坦尼克号》，杰克和露丝确定恋爱关系，其实就是在船头那个经典的展翅高飞的动作，杰克让露丝闭上眼睛，张开双臂，面对着夕阳，感受那种飞翔在空中的神奇滋味，那一瞬间露丝的心就被打动了，于是这段爱情最经典的场景就展现在了我们的面前。

所以，对红色性格来说，用极其浪漫富有创意的方式表白和求婚，是一种无比美好的享受，他们坚信对方一定会同样享受这一切，被这种浪漫所击晕，一切尽在其掌握中！

▶ 蓝色性格——内敛含蓄

蓝色性格内敛含蓄，你要让他天天蹦出"我爱你"给你听，势比登天。在蓝色性格看来，我不说，你就懂了，那多高级，或者我说一句，你能猜出我背后藏着的十句，那多高级！而且很多蓝色性格在表白之前会特别犹豫。

比如高仓健自传里，就曾提过这样一个故事：他当年刚出道，在电影公司里，有位比他大五岁的大姐对他很照顾，经常请他吃点这个那个，小高就爱上了大姐，但他就不敢表达，有时大姐说请大伙吃饭，唯独他就不去，以此表示我跟你没啥关系，到后来，他想了很长时间，鼓足勇气对自己说我得跟她表白。他刚想跟这大姐开口，大姐说："我跟你报告个喜讯，我要结婚了。"真是晴空霹雳！

而且即便蓝色性格终于鼓足勇气表白了，也含蓄得不得了。

电影《廊桥遗梦》的男女主角都是蓝色性格，女主角表白就是写了一封信，写的是"若想共进晚餐，白蛾舞动翅膀时分，工作结束后，随时可来。"然后放在了和男主角初次相会的大桥栏杆上，男主角因为是摄影师，第二天来到桥上拍照的时候，发现了这个纸条，于是理解了女主角的意思。两个人直接进入热恋，从头到尾，高级到一句情话都没讲。

蓝色性格这样委婉的方式对蓝色性格很有效，但对其他性格可能就很糟糕了。我听说一个蓝色性格的男人想要表白一个红色性格的女生，他拉着那个女生走到一个没人的小山头，望着夕阳说了一句："今晚的景色真美啊！"女生说："是啊"，其实女生早就猜出来这个男人想要表白了，她就在等这个男人说我喜欢你，但是这个男人紧接着又说："我……嗯……那个……你今天穿的衣服我觉得蛮好看的，很像是我看到的著名油画大师刘小东的作品里画的那个。"女生表面很平静地回应，但是内心里面早就着急了：老娘就等着你表白呢，你赶紧说啊！结果憋了半天，这个蓝色性格的哥们儿说："那个……明天我们还能一起去上自习吗？"女生便崩溃了。

所以，蓝色性格的表白跟红色性格和黄色性格有本质上的不同，既不张扬，又不直接，把"我爱你"这三个字用各种东西层层包裹，你要是跟刚才这个小姑娘一样，没有破解蓝色性格内心的技术，你真的只能替蓝色性格干着急。

黄色性格——干脆直接

黄色性格做事追求目标，能快速得到结果，恋爱这件事也是如此。与其说他们在谈恋爱，不如说他们是选准目标，立刻出击，快速拿下对方，让其成为自己的另一半，甚至连把征服后要做什么都考虑好了。他们不在乎恋爱的过程，更在乎结果，他们会把自己认为最高级的东西砸向对方，我现在向你表白，你答应就给个痛快话；你要不答应，我也没事，过几天再来。

我的学员里有个女生说她就是被自己黄色性格的男友非常霸气

的方法征服的。两人大学时一起上自习，突然这男人掏出一张精致的纸，标题是"人生计划表"，上面写的都是他的人生奋斗目标：18岁，我和你相识，并让你做我的女朋友；20岁，我们要一起拿下雅思和托福；22岁，我们申报同一所美国大学；25岁，毕业后我们结婚；30岁，我在外面打拼，你在家照料孩子；50岁，我们的孩子创造了事业上的奇迹，成为我们的骄傲；70岁，我们在欧洲的一个小镇上度过余生；90岁，我们葬在同一座小山上！

满满一张纸，把未来两人的奋斗目标全写在了上面，这个女生立刻就感动了，哎呀，这简直就是偶像剧里的霸道总裁！他好可靠哦！他好强大！我就要和这样强大的男人在一起！于是两个人就真的在一起了。所以，黄色性格表白不喜欢玩花样，非常干脆直接！

▲ 绿色性格——不会主动表白

绿色性格最擅长的表白方式是什么呢？如果你看过我其他性格色彩的作品，就会发现这是一个伪命题，绿色性格根本不会去表白，之所以不会表白，并非是因为内敛含蓄，而是因为绿色性格安于现状。对他们而言，没有对象，自己一个人过也挺好的呀，没对象，有朋友和同事可以聊天也挺好的呀，晚上躺下一闭眼，就啥都不知道了。

所以，如果不是父母硬逼着他们去相亲，他们也不会去表白，他们唯一的希望就是能够有一个人主动去扑倒他们，这样虽然听起来有点搞笑，但那是因为你不是绿色性格，绿色性格无论男女，真的是很希望被"壁咚"，而非他们自己主动去表白。

切记，如果你用你自己很擅长、但别人不喜欢的方式去表白，那很有可能你会死得很惨。

比如我有一个学生，《超级演说家》第二季里的蒋佳琦，典型大红色性格，非常喜欢玩浪漫，当年为了跟一个女孩子表白，花了整整半年的生活费，买了999朵玫瑰摆在那个女生的宿舍楼下，还有500余盏蜡烛，音响里播着浪漫的音乐，还有他的一群好友的呐喊助威，五六百号学生围观，他就觉得，我好歹是学校里的小名人，我还摆出这么大的阵仗，够浪漫了吧，哼，哪个小姑娘可以抵挡得了这种浪漫的攻势，肯定没问题！

但老天爷似乎跟他开了个玩笑，喊了几分钟后开始下雨，直到雨水浇灭了所有蜡烛，这个女生也没有下来。然后他就在好朋友的伞下哭了整整半个小时，最后默默地离开了，那些玫瑰也不知道哪里去了，反正第二天，他看到现场一片狼藉。

学了性格色彩后，蒋佳琦才发现他用错了方法。因为这女孩是黄色性格，本来就觉得小蒋整天活蹦乱跳的没啥正经，蒋佳琦追了她俩月，她就是不同意。当她看到这个家伙居然用这样的阵仗表白，妄图逼迫自己屈服的时候，强烈反弹，你越逼我，越没门。而且你居然在下面当着那么多人的面哭，我想要的男人一定是个强者，而你居然哭成这样，让别人看笑话，太怂了！所以，这个黄色性格的女生任凭你闹得欢，自己早早盖被子去见周公了。

这样一个血淋淋的败局，验证了你擅长什么方式不重要，最重要的是，了解对方的性格和需求后，用对方喜欢的方式把对方喜欢的给他，这才是关键。用自己喜欢别人却不喜欢的方式，不但撞南墙，头破血流，而且显得情商低下。

● 如何正确地向不同性格表白

✖ 表白红色性格

红色性格的耳朵根软，对她说些火辣的情话或做些梦幻承诺，是赢得她芳心的诀窍之一，口气越大越好，承诺得越具体越好，别担心自己落下一个"骗子"的恶名，其实大家都清楚，要的就是当下的那份感觉。

《河东狮吼》里，古天乐就是用这样一句话赢回了张柏芝的心："从现在开始，我只疼你一个人，宠着你。绝不骗你，答应你的每一件事都会做到，对你讲的每一句话都是真心。不欺负你，不骂你，相信你。别人欺负你，我会在第一时间出来帮你。你开心的时候，我会陪着你开心。你不开心了，我会哄你开心。永远都觉得你是最漂亮的，梦里也要见到你，在我的心里面只有你……"

说的时候，口气一定要真诚，要相信自己一定能做到，如果别人还没怀疑，你自己先动摇了，大罗神仙亦要靠边。

如果你俩确实感情到位，你要表白的对象是红色性格，那在众目睽睽之下玫瑰蜡烛的做法相当可取，所以，为啥北京世贸天阶那块全亚洲最大的天幕总是不愁生意做？太多人要在那儿表白和希望在那儿被表白了！

电影《春娇救志明》中，男主角志明跟春娇求婚时自己套上超级玛丽的衣服，然后在大马路上支了一个舞台，请好朋友一起，唱了首给对方写的歌，其中有一段歌词我记得很清楚，"余春娇请跟住志明，志明这人可靠过黎明，余春娇请嫁给志明，下半生交托给志明，变小双侠才能够在地球维系和平！"即便两人之前闹矛盾，已经几天没说话了，但就因为余春娇是红色性格，特别容易被这种浪漫热情的氛围打动，当场春娇就答应了求婚，结束了爱情长跑。

电影《野兽之瞳》里，古天乐买了一个冰箱送给女朋友当情人节礼物，女友大怒："你土不土啊，什么时候见过有人送冰箱给女朋友的？"古天乐面无表情，不动声色，走过去打开冰箱门——里面堆满了娇艳的红玫瑰。女友马上转怒为喜，抱着古天乐就要非礼。

如果你要表白和求婚的对象是红色性格，而且你感觉你们两个人的感情已经相处到位了，可以有实质的进展了，那么，请在行动之前，找一个浪漫又有创意的点子，或拉上你的几个有创意、嘴巴牢靠的朋友一起想点子，然后给对方一个浪漫的惊喜，这样你成功就大有保障了。

▶ 表白蓝色性格

蓝色性格喜欢内敛含蓄委婉的表达方式，那你也要用这样的方式去对待她。刚才所说的那种红色性格最擅长的、众目睽睽之下超级浪漫的求爱方式，对蓝色性格简直就是天灾。

《来自星星的你》里面，都敏俊是蓝色性格，千颂伊在表白时，说的话就很讨蓝色性格的喜欢，非常委婉，并且不失真情实感。她说："如果你住在这颗星球，我也想住在这颗星球；如果你去了其他星球，那我也想过去跟你一起住。我一直惴惴不安，生怕你随时会消失不见，可如果我们在一起的时间能够永远停住，我宁愿献上我的灵魂。我的心很痛，这让我开始考虑如果当初没有遇到你会怎样，可是就算让时间回溯，我也还是会选择遇见你，我相信这就是我们的命运，我们注定会在一起。"

千颂伊说这话时，周围没什么美丽的环境，也没怎么直接说"我爱你，我要和你在一起"，而是用这样含蓄的话表达自己的意思，这对于内敛含蓄的蓝色性格的都敏俊来说，特别受用。

所以，如果你的另一半是蓝色性格，而你觉得你可以向他求婚了，我的建议是，带她去你们两个人第一次见面的地方，或对你俩感情史而言最有意义的一个地方，因为蓝色性格很喜欢怀旧，这种地方最适合谈情说爱。带去之后，选个没人打扰的小角落，给蓝色性格足够的安全感，你就可以求婚了。但是，求婚也不能太奔放，不要直接高喊"我爱你""我要和你在一起"，你也要学着像蓝色性格那样，用委婉的方式来表达你的想法，你可以说："我希望我们未来每一年的这一天，都可以来到这个地方约会"；你完全不用担心蓝色性格听不懂，他听懂了，也不会说什么，只是过来拉着你的手，长时间倚靠着你的肩。

恭喜你，成功了!

♂ 表白黄色性格

黄色性格不喜欢扭扭捏捏，所以，那些绕来绕去的表白不可取，你要表白要求婚就干脆利落别废话。

注意一点，那就是，如果你的表白对象是黄色性格，最好自己不要主动去表白，而是营造一种氛围，让黄色性格反过来对你表白，因为黄色性格内心最愿做主控者和推动者，他更希望带着你迈出历史性的一步，而不是让你领着他，那样，对黄色性格来说太没有面子了。

周星驰在《喜剧之王》里曾经对张柏芝说的一句话，就是对付黄色性格的"钻石法则"。周星驰说，你不能一上来就直接往男人身上扑，你要摆出一副娇羞的模样，试着低着头害羞一点，做一些羞答答的表情，来令对方主动搂着你，就像鹌鹑一样，这样，人家才会情不自禁地过去搂你，你再顺势靠在对方的肩膀上，你就成功了。

所以，你的另一半如果是黄色性格，平时没事，你要偶尔示弱，把一些你明明可以自己完成的事情，伪装成自己完不成，需要他帮忙，让他有机会在你面前展露他的能力，逐渐勾起他征服你的欲望，剩下的时间，你就只需要坐等他来向你表白就可以了。

◣ 表白绿色性格

和黄色性格的主动出击不同，绿色性格从来都是在坐等别人来向他们表白和求婚的，所以，怎样向绿色性格求婚好呢？

一个绿色性格的女孩子说她的男朋友搞定她，就是有一天开车把她拉到小山上，然后突然把她推到车上强吻了她，后来她也没反抗，就莫名在一起了。你可能会说天呐，绿色性格这么随便？其实不是，那是因为绿色性格有两个特点：第一，他们不懂拒绝；第二，他们没啥麻烦的要求。不懂拒绝的好处，就是喜欢的人对他们提出表白，他们完全不会推挡，乖乖举手投降；没啥要求的好处，就是对方无所谓高富帅或白富美，只要对方的条件能过得了自家父母这一关，自己也就没什么其他特别高的要求了。

所以，对绿色性格表白的方式，就是两个字，"壁咚！"

这样说可能会引来很多读者的不解：凭什么其他性格要这么详细和复杂的攻略，到绿色性格就这么简单？你让人家绿色性格怎么想？我想说的是，但凡能有以上这种想法的人肯定不是绿色性格，也不了解绿色性格，绿色性格看到以上我的分析，最有可能的反应不是生气，而是萌萌地说上一句："哎呀，好像是有那么一点道理的喔。"

12.

写给拒绝无方的你

如何拒绝不同性格的表白？

天下众人都希望自己遇见的爱情是可以两情相悦的，可惜生活中常常是——你爱的人不爱你，爱你的人你不爱，所谓"落花有意，流水无情"。如果某人向你表白，这人和你八竿子打不到一起，你当然犯不着思考那么多，直接拒绝拉倒；可多数情况下，这人和你很熟，你还不想伤害对方，让别人下不来台，这时，你就需要掌握拒绝表白的艺术。拒绝得好，也许大家还可做朋友；拒绝不好，伤人不说，还多个仇人，遇到心理变态，保不准被泼硫酸。

那不同性格到底该怎么拒绝？到底拒绝别人时怎么说才能得体、不伤人、皆大欢喜呢？

● 不同性格拒绝表白的常态

▲ 绿色性格——拙于拒绝

面对表白，没那么多花花肠子，他们对爱或不爱内心清楚，但表达上拙于言语。一句"哦"就表示同意了，再一句"哦"就表示知道了。绿色性格最大的麻烦在于：明明自己回应了，但总给对方这人根本就没回应的感觉。如果让绿色性格拒绝他人，他们也往往以"哦"来回应。"哦"这个字，是绿色性格的万金油，似乎什么问题都可用它来回答。

> 一位绿色性格的姑娘相亲时和对方吃过几次饭，那个男人喜欢上了她，买了束花对她表白。她其实觉得双方并不合适，面对男生的

热烈表白，她"嗯"了半天，把花收下了，话没说清。后来，男生再约姑娘，姑娘也不好意思说"我不喜欢你"，每次都只是说"忙"，没有赴约。那男生也是个二百五，姑娘又不是收了你的黄金彩礼，看到人家收了花，就笃定地认为两人已经确定了关系，所以，优哉游哉地等着她在不忙的时候跟他约会。结果，等来等去，几个月后，等到的却是从朋友那儿听说这姑娘另外有了男友的消息。此男人义愤填膺，冲到这姑娘公司楼下，要找她当面对质，正好这姑娘的男友来接她，两人一场短兵相接，上演了全武行。如果绿色性格的姑娘当初拒绝时明确说清，这场决斗本是可避免的。

👤 黄色性格——直接清楚

最讨厌模棱两可，干脆利落的方式对他们来讲最能接受。在黄色性格心中，是非曲直必须是分明的，爱或不爱，喜欢或不喜欢，就该"丁是丁，卯是卯"，清清楚楚，明明白白。并且，黄色性格并不在意别人的看法和感受，我不喜欢就直接拒绝，你能不能接受那是你的事情，与我无关。所以，如果你对黄色性格表白，他如果要拒绝你，根本不会用任何委婉的方式。

好莱坞电影《保镖》讲的是总统前保镖黄色性格的弗兰克，受雇保护黑人女歌星梅伦，因为弗兰克做事很麻利很周全，也帮助梅伦挡过了很多神经病粉丝的骚扰，所以，给了梅伦很大的安全感，两人朝夕相处一段时间后，就滚了床单。

醒来后，红色性格的女歌星就已经把保镖当作自己的情人了，还体贴地让他多睡一会儿，但没想到黄色性格的保镖果断下床，而且冷冷地说这样做不对：我身为保镖，混淆工作和感情，已经违背了我的职业操守。你雇佣我，是让我保护你，这是我的工作。你没做错任何事，但我要保持清醒，我要做好我的工作，我不可以跟雇主发生任何关系，因为有这样的关系，我就不能保护你。现在，要么就到此为止，要么你立即就解雇我吧！歌星听了之后，目瞪口呆，觉得自己受到了侮辱。

▶ 蓝色性格——照顾对方感受

蓝色性格细腻而敏感，拒绝对方时会用给彼此留面子的方式。

一位蓝色性格的姑娘，在培训班上认识了一个男人。男人很热情，一直微信和她讨论学习。一开始，她礼貌性地有问必答。后来，男人开始撩她，经常发一些"想你了"之类的亲昵问候，但她并不喜欢对方，所以，就会把这类问候屏蔽掉不回答，只回答对方提出的学习问题，但是，那个男人显然敏感度较低，更加频繁地发送暧昧信息，譬如"今晚的月亮是百年一遇的，要能和你一起手挽手看月亮多美呀！"索性，后来她就不再回复他的任何信息了，这个男人一厢情愿地连续发了好几天的信息，没得到任何回应后，就自己人间蒸发了。

蓝色性格不喜欢把自己的感情说出口，他们希望两人的爱是有默契的。我到底喜不喜欢你，你应该感受得到。我做出的一切，你也应

193

该看得到。如果到头来，还要我用语言来回应你的表白，蓝色性格会认为这是鸡同鸭讲，毫无默契，失望透顶。但是，如果是蓝色性格喜欢的人对他表白，而且是用掏心窝子的真诚话对他说，那效果就地狱与天堂的差距了：

《红楼梦》三十二回中，宝玉是这么对林黛玉表白的。

> 宝玉瞅了半天，方说道"你放心"三个字。林黛玉听了，怔了半天，方说道："我有什么不放心的？我不明白这话。你倒说说怎么放心不放心？"宝玉叹了一口气，问道："你果不明白这话？难道我素日在你身上的心都有错了？连你的意思若体贴不着，就难怪你天天为我生气了。"林黛玉道："果然我不明白放心不放心的话。"宝玉点头叹道："好妹妹，你别哄我。果然不明白这话，不但我素日之意白用了，且连你素日待我之意也都辜负了。你皆因总是不放心的原故，才弄了一身病。但凡宽慰些，这病也不得一日重似一日。"林黛玉听了这话，如轰雷掣电，细细思之，竟比自己肺腑中掏出来的还觉恳切，竟有万句言语，满心要说，只是半个字也不能吐，却怔怔的望着他。此时宝玉心中也有万句言语，不知从那一句上说起，却也怔怔的望着黛玉。两个人怔了半天，林黛玉只咳了一声，两眼不觉滚下泪来，回身便要走。宝玉忙上前拉住，说道："好妹妹，且略站住，我说一句话再走。"林黛玉一面拭泪，一面将手推开，说道："有什么可说的。你的话我早知道了！"口里说着，却头也不回竟去了。

宝玉的表白击中了黛玉心中的情丝，让黛玉产生了这个人很懂自己的感觉。幸亏宝玉不是说"我爱你"，否则，结果一定不是这样。

🎭 红色性格——发好人卡

红色性格在情感上很敏感，很在意别人的感受，他们觉得"汝非我菜，实难来电"这样的话开起口来好辛苦，而用委婉的方式表达自己的意思，可以较大程度保护对方，减少伤害。所以，无论是拒绝还是缓冲，又或以退为进，红色性格最擅长的就是发好人卡，寄希望于不伤对方感情的情况下，让对方知难而退。

> 比如《爱情公寓》里的曾小贤，在拒绝诺兰表白的时候，理由跟绝大多数红色性格一模一样，把优点留给别人，把缺点和问题留给自己："你很好，是我不好。你很优秀，我配不上你。"

可惜，红色性格设想得很好，但收效甚微，难道一句"我配不上你"，就能轻易把对方撵跑吗? 结果，红色性格就发现，拒绝后，对方还在死缠烂打，就只能用暗示这招。比如，搂着其他异性公然出现在对方面前，妄图让对方认为自己已有对象，你赶紧知难而退吧。但其实人家对自己很熟，完全当人家追求者傻啊，红色性格一看还没用，就立刻开始发飙，不再考虑对方的感受，要么直接拉黑，让他找不到自己，要么就崩溃地跟对方说，"俺不喜欢你，你快走!"

当你了解了不同性格通常是怎样拒绝别人的以后，现在给你出道情感 GRE 考题：

A 对 B 说"我喜欢你"，B 的回答是："其实我没你想的那么好"，你觉得 B 想表达的是啥意思？

_____

_____

_____

正确答案见文末。如果你能全部答对三种，你就是骨灰级的恋爱高手，本文后一半你就甭看了；若是不能，说明你在理解复杂的人性上还有继续努力的空间，请继续阅读吧。

● 不同性格被拒后的反应

✂ 如果被拒绝者是红色性格——往乐观处想

红色性格的人对这道 GRE 考题的理解，其实三种情况都会一闪而过，也许是拒绝，也许是同意，也许是考虑。很多人回来后，会跑到网上发个帖去问到底对方是啥意思啊。其实，这个问题除了当事人，没人能给出准确的答案。在听到对方回应的那一刻，不少红色性格出于本能会很乐观地认为，对方是在矜持，给自己希望，所以，通常都会进一步地去追求去表白。

▶ 如果被拒绝者是蓝色性格——往悲观处想

蓝色性格是悲观主义者，看事情喜欢看坏的地方。当听到这样模棱两可的回应时，会本能地觉得这是对自己的拒绝，而不会考虑其他可能。在这道 GRE 的假设命题中，蓝色性格不太会对心仪的人直接说出"我爱你"，这会让蓝色性格觉得极度肤浅，而且会将自己逼到一种无路可退的境地。当蓝色性格觉得自己被拒绝后，会什么都不说，默默走开。他们需要时间和空间来平缓自己的沮丧和痛苦。

♙ 如果被拒绝者是黄色性格——追问明白

黄色性格一定会打破砂锅问到底，这种不清不楚、模棱两可的回答，黄色性格是不会接受的。他们也不愿花更多的时间去揣测对方的心思，所以，黄色性格会追问对方到底是什么意思。行还是不行，给个准话吧!

▲ 如果被拒绝者是绿色性格——不放在心上

绿色性格不太可能主动说出我爱你，他们担心假如对方不喜欢自己，自己的表白会让对方不好回应。除非是很多年的感情，一直在一起，绿色性格才有可能鼓起勇气来表白。这点从《阿甘正传》就能感觉得到。如果是刚才那道 GRE 题目，对方说，"我没你想象的那么好"，绿色性格通常会回应一声"哦"，然后该吃就吃，该睡就睡，该干啥干啥。绿色性格回应"哦"的意思是，我听到你说的话了。

● 如何正确地拒绝不同性格的表白

▲ 拒绝绿色性格——不用回应

在四种性格中，怎样去拒绝一个绿色性格的人对自己的表白，是个不折不扣的假命题，因为现实生活中这种情况不存在。绿色性格的人本身就很难主动表白，即便有所示意，也是模糊得要命，只要你不回应他，他自己就不了了之了。

念书时，和一个绿色性格的朋友聊天，我问他有没有喜欢的人，他"嗯啊"了一下，我追问半天，他说"算是有吧"。我问下来才知道，女孩是他同班同学，两人走得很近，只是他不知道女孩的心意，也没表白。我推动他赶紧去表白，他说："不知道她是不是已经有男朋友了。"我说："既然不知道，就有可能没有啊。所以你才要赶紧去追啊。"他还说："我们都快毕业了，她好像要考外地的学校。"我继续推动："那你更应该抓紧机会表白，不然就晚了。"他说："好吧。"过了几个月，我们都毕业了，他还是没开口。

所以，在拒绝他人表白的问题上，接下来我会详细分析你应该如何拒绝另外三种性格。在具体拒绝方法上，针对不同性格，特别需要注意的是：

■ 拒绝黄色性格——直接明确

香港作家李碧华说："拒绝是世上三种最佳勾引方式之一"，这种说法在黄色性格这里最成立。如果是特别尊重特别客气的拒绝，且还留有很多的余地，比如说"我希望和你做朋友"这种话，必定会让黄色性格想方设法再争取。有些话，好比"我现在还不能完全确定自己的感觉，也不希望草率地展开一段感情"，切记，这种话千万不能对黄色性格的人说！当你对黄色性格这样说的时候，那将是灾难性的。这种含蓄的话语，对他们几乎没有杀伤力，虽然得体有礼，却隐含巨大风险，对方很有可能认为其中依然存在成功的希望，并且会将其视为你给他的一个挑战和设置的一个困难，他会告诉自己：那我当然要去征服！如果这个人有足够的耐心坚持不懈地追求，你将无法躲开感情的困扰，并且越往后越麻烦。

> 一位黄色性格的企业家告诉我，他这辈子最感谢的一个人，是他大学刚毕业时追求过的一个女孩。当时他送花送礼物约吃饭写情书等等法宝都用尽了，对方还是不搭不理，一丁点机会都没有给他。有一次，女孩找了个安静的地方和他单独谈了谈，平静果断地告诉他一句话："我真的不喜欢你，我不能和你在一起，谢谢。"这种干净彻底的拒绝，让他迅速把目标转移到了工作上，比以往加倍努力创业，最终取得了今天的成就。

记住，对黄色性格而言，如果你真想拒绝的话，绝对不要接受他给予你的一切。"知卿情意真真，奈何无意相慰"，这种话一定要直接告诉他，越直接越好，记住，直接！对黄色性格，直接不会伤人，不直接才会伤人！

▶ 拒绝蓝色性格——及时暗示

对于蓝色性格，你无须刻意拒绝，因为蓝色性格的示爱方式本来就含蓄，并且蓝色性格很敏感，即便你没明说，他也会发现你对他没意思。拒绝蓝色性格的难点在于，假如你对他没意思，就需要特别注意自己的言行，不要给他留下你可能对他有丝毫意思的揣测，以免误人误己。

当年在《非诚勿扰》节目中有个女孩，上来的男嘉宾就是为她而来的，奇怪的是，他们认识多年，但这个男孩一次也没正面对她表白过，只是默默地跟着她。虽然从男孩的行为和其他人的议论中，女孩也猜到男孩喜欢她，但她觉得这种常年累月一根筋地默默地迷恋着她的做法，让她很害怕，而且有种说不清楚的恐惧感。

如果要拒绝这种蓝色性格的人，最好在他有含蓄的暗示的表白时，就能及时察觉他的意图，比如，当你发现他经常为你做些事，对你的态度和对其他人不一样，你可以也用暗示的方法不经意地提一下，自己已经有恋人或已经有喜欢的人了，这时，蓝色性格就明白你的意思了，这样，可以避免直接拒绝带来的尴尬和伤害。

如果你神经大条，后知后觉，一直不经意地给蓝色性格的人传递错误的信号，让他误认为自己是有希望的，一直走到蓝色性格向你明确表白的这步——蓝色性格一般很少用说的方式，可能会写封信，这时，你就绝对没有模糊应对的可能了。如果不说清楚，蓝色性格可能

200

会有负面的揣测，在心底留下阴影。如果你想和蓝色性格的人说清，你可以采纳的做法是：给他回复一封信，原原本本地把两人相处的过程、你对两人关系的看法解释清楚，不要带有任何情绪，只要还原你心里的事实，也不要给蓝色性格任何压力，说清之后，让他自己选择，是否还要和你做朋友。

❸ 拒绝红色性格——肯定对方、明确己意

充分认可他的长处和优点，同时明确表示自己对他没意思，也不会和他有发展的可能。

　　一位学员曾经向我求助，他在工作中认识了一个姑娘，姑娘对他一见钟情、死缠烂打，典型的红色性格，在无数次电话和微信攻势未果后，竟然千方百计打听到他家住址，跑到他家附近时，租了个房子住下，每天掐着他上下班的时间，守在他家楼下，期望可以看他一眼。他想要拒绝，但又怕刺激了对方情绪，反因爱生恨，所以一直尽量躲避她。但越是这样，对方越热烈，坚持了一个多月，天天在楼下蹲点。后来学完性格色彩的课程，他不再逃避，主动给女生打电话，表明了两点：第一，他很认可这个姑娘在工作中的优点，也很欣赏她的正能量、积极热情、乐于助人；第二，他已心有所属，不可能再喜欢其他人，所以，如果她继续坚持，会让自己为难和痛苦，希望姑娘能帮帮自己，也希望还能有机会和她继续做朋友。

把这些话说清之后，姑娘表示自己会高风亮节，甘愿割爱，不再打扰他的生活，并且会永远祝福他，然后，就从他家附近蒸发了。

最后，再次强调下拒绝别人表白的原则：

第一，当你意识到别人可能会喜欢你，而你又不喜欢他的时候。请减少跟他在一起的时间，不要让他有机会表白，这是减少伤害的最重要的环节。

第二，如果确实不喜欢对方，一定不要怜香惜玉，千万不要寄希望于推脱或含糊其辞，一定要强硬坚决！

第三，如果他已经开口表白，你必须明白：有拒绝就有伤害，但拒绝，的确是快刀斩乱麻的最好方式。

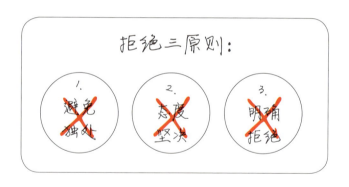

拒绝后，他的难过是需要他自行恢复的，此时你没办法去安慰他，安慰反会引发不必要的误会。自己心里绝不要妄想和对方继续维持现状，不管是好朋友还是暧昧，从拒绝开始，你们只能做陌生人！如果你没有主见就别拒绝，当一辈子好人，找个喜欢自己的；如果你想追求真爱，请务必果断拒绝，之后形同陌路。

向你表白者，你很有可能不喜欢人家。但不喜欢人家是你的权利，人家喜欢你并没有错，就像喜欢你也是人家的权利。

拒绝真是一门大大的学问。

正确答案是："其实我没你想的那么好"，意味深长，此话至少有三解：

第一，委婉拒绝。我并非你想象中的那个样子，你只是喜欢你想象中的我，真实的我你根本不了解，你也肯定不会喜欢。你走吧。

第二，缓兵之计。自己也不清楚自己到底想怎样，用此话来缓和一下被表白后不知如何回答的尴尬，以换取更多的时间和空间，为未来的进退做准备。再想想！

第三，欲迎还拒。虽然我听清楚了你的表白，但你似乎表达得还不够强烈，我也不敢肯定你的喜欢是真心的还是客套的，我需要你再次毫不吝啬地强烈地表达你对我的爱。快来啊！

13.
写给苦苦异地恋的你

如何与不同性格异地恋?

当你在百度搜索栏里输入"异地恋"的时候，结果显示：异地恋感情没进展怎么办？异地恋半个月没联系怎么办？异地恋渐渐没感觉了怎么办？异地恋没话说怎么办？异地恋男友说没信心，我该怎么办？……

当你跟你身边的人说起自己跟恋人是异地，多数得到的回应是："啊！异地恋好辛苦啊。""失敬失敬，阁下勇气可嘉，身边举凡异地恋者，无一善终啊。"……

天下众人谈异地恋色变，没几个对异地恋看好。电影《前任3》的片尾谢幕有段采访，一个异地恋的小伙子说他们分手的原因就是输给了距离，这句话也是大多数异地恋最后分手时惯用的标准台词。

为什么异地恋会让大家如此惊慌，是否异地恋分手的罪魁祸首就一定是距离？貌似情况不容乐观：

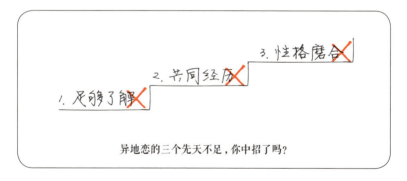

异地恋的三个先天不足，你中招了吗？

第一，异地恋，让大家彼此不能看见对方在压力或危机下的反应，疲惫或沮丧的样子，生病或恐惧的反应。

第二，因为两人相处的时间有限，很难有深度的交流，更少有并肩作战共同解决问题的机会，而深刻的感情是需要大家共同经历一些苦难的。

第三，因为没有长时间的实际生活，无法看出彼此是否合得来，这也就是为什么很多人婚后觉得疑惑：你婚前不是这样啊？

是啊，我伤心的时候，你不在身边；我快乐的时候，不能第一时间跟你分享，我希望你是我成长的第一见证者。可问题是——你为什么总是不在我身边？大多数人面对异地恋，通常感受到的是心酸、痛苦、孤独、寂寞。那么，到底能不能打破异地恋的魔咒呢？

有一档很火的韩国综艺真人秀节目《同床异梦》，里面实地跟踪拍摄了韩国明星秋瓷炫和中国演员于晓光这对小夫妻的生活。两人都是红色性格，面对爱情都是激情奔放、浪漫、善于表达。他们都经常去外地出差，聚少离多，但是看起来却很幸福，而且幸福得招人妒忌。因为，他们在一起会好好享受在一起的时间，即便是短暂的分离，也会经常联系。正是因为异地恋辛苦，所以，双方相处时才不能过于任性，要学会互相关心互相迁就。

节目里有一段，男人在四川拍戏，女人准备去探班，那天四川突降暴雨，结果女人的飞机从下午六点延期到凌晨一点左右才飞。女人在飞机场等候的时候，男人就一直给她打视频电话，跟她聊天，让她在漫长的等候时间里不那么无聊。而女人呢，则心疼男人拍了一天戏了，让男人不要陪她聊天了，赶紧睡觉。男人也很听话，只不过挂了电话之后他在宾馆里给女人煲起暖心鸡肉粥，希望老婆下了飞机之后，能够热腾腾地喝上一碗粥，再睡一觉。

✖ 与红色性格异地恋

红色性格在感情上热情乐观，但是红色性格的问题是，情绪起伏比较大，希望对方能多考虑自己一点。但节目里的这对夫妻，他们就做得很好，他们都在为对方考虑，感情就会很稳定。用性格色彩的话说，他们实际上是用了性格色彩的"钻石法则"，把别人需要的给别人，用适合对方的方式沟通。他们俩就是做到了这一点。

从这个故事中我们发现，不管是什么性格的情侣，如果你们是异地恋，首要的前提就是经常性沟通以及定期见面，让感情升温，而非不管不顾让感情渐渐冷掉。在这件事情上，两人一定要达成绝对共识!

一位刚离婚没多久的红色性格的朋友，和我说起她异地恋的故事，这个故事迄今，依旧余音袅袅。

多年前，我有一场很痛苦的异地恋，因为那次感情的失败，冲动之下，我选择了我的前夫，在经历了十一年寡淡无味的婚姻生活之后，我现在终于自由了。

那时我刚大学毕业，在广州一家"500强"外企的公关部做媒体沟通，因为工作机会认识了他。他曾是广东电视台的主持人，前女友是位我很欣赏的演员，所以，他的圈子和光环对初出茅庐的我来说，既遥远又没安全感。我俩认识一年后确立了恋爱关系。他的性格应该就是你讲的那种有点压抑的红色性格，外表看上去很忧郁，但是其实骨子里火热，我想这大概与他的职业要求有关。

207

由于工作的原因，他经常不能准时回复信息，有时下午两点发过去的消息，他凌晨三点才回，渐渐地，我的恐惧感战胜了爱，经常如此，我发誓要离开他，一定要找一个能及时回复信息的男朋友。现在想想，如果我当时懂性格色彩，至少可以理解人和人的生活习惯都是不同的，沟通方式也不同，我应该主动去和他沟通的。

直到有一天，我遇到了我的前夫，他的出现极大地满足了我对安全感的需求，而那时我也跟那个异地恋的男友差不多一个月没联系了，于是，我在一秒钟内就决定嫁给这个给我绝对安全感的人。当我离开广州，去了成都，前男友突然给我打电话，飞到成都来找我，他听说我已经嫁人了，当场就蒙了。他祈求我去深圳一次，因为在那一个月里他没有跟我联系，是他在深圳为我买了个房子在装修，他想把我接过去的时候，有个温馨的地方可以住，那个月他就在没日没夜忙装修，他就是想突然间给我一个惊喜……但是，一切都改变不了了，红色性格的我为自己的冲动付出了惨痛的代价。

如果我们都早点学了性格色彩，如果我早一点就和他主动沟通，那该有多好；如果他早一点就主动告诉我，帮助我建立自信，那该有多好。

两个人没有交流，见面又少，越来越疏远，最后，相爱的人分开，可惜了，天下没有后悔药可以吃。

▶ 与蓝色性格异地恋

蓝色性格比较深沉内敛，情感细腻，他的情绪也跟红色性格一样丰富，但不爱表达。蓝色性格通常对自己的恋人体贴入微，他会清楚地知道你的兴趣和喜好，然后在你需要的时候送到你身边，静静地给你惊喜。但是，他有时候可能真的会产生一些悲观情绪，尤其是当他看到身边的人都是跟自己的恋人出双入对的时候，因为你不能陪在他身边，而他又不习惯直接表明时，然而通过聊天你可能会发现点什么，那么，此时你就要做他坚强的后盾。当他有悲观情绪又不愿意说的时候，你要主动去给他打气，让他对你们的感情有信心。

我的一个朋友跟我讲过她跟她初恋男友的故事。男生是典型的蓝色性格，对女生极好，两人是高中同学，大学后开始异地恋。恋爱的任何一个纪念日男生都记得非常清楚，到了那天，不用女生说，男生肯定会来到她所在的城市陪女生。女生是红色性格，经常大大咧咧的，给男生带去很多欢乐，但有时男生在思念时，女生不在身边，心情就不太好，男生从来不主动说，只是每次打电话都不开心，会说很悲观的话。这时，蓝色性格的男生其实最需要的是红色性格的她能发现自己不开心的原因，给他关怀和力量，清楚地知道他在乎什么。可是红色性格的女孩傻乎乎的根本不知道发生了什么，她怎么哄也哄不好。

后来，她问我，我跟她解释了蓝色性格的特点之后，她才恍然大悟。对大大咧咧的红色性格而言，如果想要完全知道蓝色性格在想什么，可能会比较难。这就需要在平时相处中，也像蓝色性格一样，多观察对方的喜好，在对方情绪不高时，充分发挥红色性格开心果的特质。后来有一次，女生在发现男生心情不好的时候，偷偷坐了一晚的火车，到了男生所在的城市，给了他惊喜，男生嘴上没说，心里非常开心。

与黄色性格异地恋

黄色性格事业心很强，他认为只有他努力给你更好的生活，才是对你的爱，他觉得这样就够了。所以黄色性格恋人很容易忽略另一半的感受，如果你的另一半是黄色性格，当你需要他关心你的时候，一定要主动跟他说，不要不好意思。如果你真的是想跟他相伴一生，那就要大胆地说出来。

我们一个学员是红色性格，而她男朋友是黄色性格。开始谈恋爱时，他们是在一个城市。男生对她很好，处处考虑周到，后来男生因为工作去了外地，他俩就被异地了。开始时，联络还比较频繁，他们商量好，每晚睡觉前要有15分钟到半小时的聊天时间，慢慢地，男生逐渐投入到事业中，晚上常会应酬，工作到很晚，有时就发个短信给女生，有时忙到很晚就会忘了发。红色性格女生开始在电话里跟男生吵架，男生到最后受不了了就说，我觉得你需要冷静一下，等你冷静了再打电话给我。

女生受挫，找到性格色彩卡牌师咨询。卡牌师经过交流，知道女生在跟男生通电话时，有表达出不满意，或需要被关注的状态，但她表达的方式太情绪化。而黄色性格一般不会去关注对方的情绪，也不会哄你。所以，当你需要黄色性格给你关怀的时候，一定要学会示弱或撒娇，并且不要太打扰到他的工作，尽可能给予体谅。女生回去后冷静了几天，给男生打了个电话没接通，最后，发了个短信说："亲爱的，最近工作忙，不要太累了。身体累坏了，我会担心的，想你。"没过多久，男生电话回过来，两人之前的心结瞬间解开了。

与绿色性格异地恋

面对绿色性格的恋人，应该怎么办呢？

有一个学员，老公就是一个绿色性格。当年她跟老公异地恋的时候，感情就处理得很好。绿色性格最大的问题就是没什么感受、没什么主见。而这个学员，她知道老公木讷，所以一开始，她也不逼老公，就一点点培养老公的感受。平时打电话，说得最多的就是感受，老公常忘了晚上打电话，她就会说，"老公，你晚上不给我打电话，我会很难过，我也会担心你。你要是经常不打电话，我们的感情就淡了，所以每天一个电话是必须的。知道不？"她老公就说"嗯"。见面的时候，出去买东西时，她会问："这两束花，你觉得我会选哪一束啊?”再跟她自己的选择做比较。她经常问她老公这样的问题，慢慢通过引导和肯定，她老公就变成了一个有点感受、能做点主的人。

绿色性格虽然木讷，但是他会更多考虑到他人感受，所以，当你跟他提要求的时候，他一般都会满足。只不过，你要给绿色性格足够的时间去适应和学习，对绿色性格千万不要急于求成。这方法听上去是不是有点像教小孩? 如果你觉得匪夷所思，那说明你完全不了解绿色性格，他们的生命节奏的确很慢，但是一旦上轨，就习惯于此，终生不变了。

14.
写给提心吊胆的你

对方还想着前任怎么办？

关于《前任攻略3》这部电影，网上有个笑话，说：

一个女孩给男友发微信，说："我想去看前任。"

男友说："怎么去？要不要我送你去？"

女孩说："不用，我自己去就行。"

男友说："好！你去吧！"

女孩还想说什么，却发现男友已经把自己拉黑了。原来女孩只是想去看《前任》这部电影而已，男友误以为女孩要和前男友见面，一气之下，把女孩从微信里删除了，这下好了，现任也变成前任了。

这部电影的主要内容，讲的是一对相恋五年的情侣，男的叫孟云，女的叫林佳，爱情进入了倦怠期，因为一点小事而分手。分手之后，两人看似过着各自的生活，其实心里都想着对方，却都没有主动去和好。后来，孟云在工作中认识了一个喜欢他的女孩——王梓，林佳在同学聚会中遇到了老同学王鑫。当孟云去找林佳，想要挽回这段感情时，却发现一切都已回不去了。最终林佳嫁给了王鑫，而孟云也接受了王梓。

据说，很多人在电影院里痛哭失声，被孟云和林佳这种错过的、遗憾的爱情而感动，也想到了自己和前任之间的感情。但我今天想要和大家探讨的是，作为现任，假如你发现另一半对前任念念不忘，怎样的做法才是正确的？

先来说说错误的做法。不论哪种性格，当我们遇到情感上的挑战，性格中的短板一旦被激发，都会造成损失和后果。

✖ 红色性格最大的问题——情绪化

红色性格最容易犯的错误是情绪化。当你发现对方还想着前任时，如果你发挥出红色性格的软肋——"作"，开始指责和抱怨，把小事搞大，把大事搞炸，可以肯定的是，你的这段情感准备结束吧。

一位红色性格女学员告诉我，她的性格是典型的红色，热情，活泼，她和男友的感情本来很好，但是粗心大意，依赖性强，经常为一点小事就问男友怎么办，让男友感到有点心烦。并且男友和前女友有工作上的联系，偶尔也会在她面前说起前女友的好。而男友的前女友是个独立性非常强的女孩，自己创业，凡事都很有主见，在恋爱的时候不但不问男友的意见，反而会帮助男友的事业，给他提出一些建议。红色性格女学员平时很温顺，一旦听到关于男友前任的只言片语，就会情绪爆发，如此一来，她和男友的口角冲突越来越多，遂分手。

幸运的是，一年后，她和男友被他们一个共同的朋友偷偷安排，分别相约，一起去了性格色彩的课堂，两人经过学习才发现，生活了几年，居然对彼此的内心需要什么并不了解，于是，课后两人重归于好。

关于前任，红色性格常问的猪头问题是："你是不是还想和她在一起?"这种错误的引导，会让对方往远离你的方向去思考。即便对方心存幻想，那也只是幻想而已。

高发的错误问题之二是："你更爱她还是更爱我？"这更是一个让人崩溃的对比，因为前任已经是过去式了，把对方的前任拉回现在的时空来与自己对比，相当于你在提醒对方，让他再去回想与前任的情感。

红色性格常问的错误问题还有很多，在此不一一列举，究其原因，这些问题，动机无非是希望另一半再三承诺和保证不会变心，爱自己比爱前任多，海枯石烂，终生不渝等等。这种问题偶尔问一下，也许对方还会当作一种撒娇，问得多了，会激发起对方的反弹和逆反。

▶ 蓝色性格最大的问题——多疑负面

蓝色性格最容易犯的错误是心存疑虑，无法释怀。蓝色性格容易把小事放在心里，虽然嘴上不说也不问，但心里会一直想着。也许过了很久以后，对方已经从前一段感情里走出来了，而蓝色性格还记着"当初你刚和我交往的时候，你曾经有过怀念前任的举动"，会一直在心里存有怀疑和距离感。如果说红色性格的"作"会在当下破坏掉彼此的关系，蓝色性格的"怀疑"则会在更长的时间内让关系严重受损。

一个红色性格朋友告诉我，他在和蓝色性格女友恋爱一段时间后，前女友因为家里出事而频繁打电话给他求安慰，他给予了情感上的抚慰，虽然每次都是背着蓝色性格接电话，但是不知怎的，还是被蓝色性格知道了，一个月没有理他，也不接受他的约会请求，直到他写了万言检讨书，并多次负荆请罪，才慢慢恢复了彼此的关系。他本以为这就是大团圆结局了，但没想到，这事过去后，蓝色性格对他的疑心并没完全消除，每当他犯了点小错，譬如约会迟到了十分钟，或忘了买蓝色性格交代他买的东西，蓝色性格就会不理他，他又要写检讨来抚平蓝色性格的心结。两人谈恋爱一年多，他写了三十五封检讨信，最后，实在无法忍受，向蓝色性格提出了分手。

♠ 黄色性格最大的问题——简单粗暴

黄色性格最容易犯的错误是简单粗暴地制止。面对这类问题，黄色性格的思维逻辑比较简单，他只考虑两点，第一，"对方还想不想和我过下去"，一旦他判断出来，对方只是缅怀一下，并没有分手的企图，就会迅速跳转到第二个问题，"我希望对方怎么做"。举个例子，如果对方还保有历史上前任写来的情书，黄色性格多半会不带情绪地建议："扔了吧，留着这些有啥用。"也许黄色性格的本意并不是要伤害对方，但内心怀旧者，听到以后会感到很难过。

一位红色性格朋友告诉我，他的黄色性格女友搬到他家来住那天，整理衣橱和抽屉时，发现他保留的刻着他和前女友名字的情侣戒指，随手就扔进了垃圾筒。他说："为什么不问过我再扔?"黄色性格女友说："留着这个干吗，塑料的又不值钱。"他心里愤懑于黄色性格女友的简单粗暴，却不知该说什么才好，只有默默生闷气。

情绪累积到某天，黄色性格的女友对他指手画脚时，他借题发挥，两人大吵了一架，分道扬镳了。

▲ 绿色性格最大的问题——忽视、不作为

绿色性格最容易犯的错误是完全地忽视。与其他三种性格不同的是，绿色性格天生擅长将大事化小，小事化了，这也就造成了他的危机意识很弱。假如绿色性格发现另一半还保有前任留下的物件，或者还怀着对前任的情感，最有可能的做法是当作一切没有发生。这样做，固然不会伤害到对方，却真有可能任由对方滋长对前任的情感，万一前任就像电影《前任攻略3》里的孟云或者林佳这样，确实还想着复合，绿色性格的放任可能就会为他们大开方便之门。

有一个匪夷所思的案例来自我的朋友。这对情侣恋爱同居了七八年，关系非常稳定。男方很有才华，但是情感漂浮不定，女方是绿色性格，无限包容。男的一个前女友重新出现在他生活中，经常来家里看他，来了之后，两人就眉来眼去，绿色性格在一边端茶倒水，丝毫没有芥蒂。当中偶尔有一天不来，男友的心气就不顺，写书也写不出来，在家里摔东西，摔完以后，叫绿色性格打电话给前女友，问她为什么不过来，绿色性格居然按照男友的意思打了电话。

说了这么多，其实红蓝黄绿四种性格都有可能用错误的方式来应对这个问题，那么正确的做法到底是什么呢？

用一句话可以概括，就是——"尊重历史，加强链接"。看起来只是一句话这么简单，却要经过自我个性的修炼，才能更好地做到。

在《前任3》这部电影中，最终成为林佳丈夫的那位老同学王鑫，看似低调，其实他很好地做到了这点。从影片来看，这个男人的性格是红+绿，既有红色性格的主动、热情，又有绿色性格的平和、贴心，很好地陪伴女孩度过了最痛苦的时期。

当他遇到女孩时，女孩还沉浸在分手后的痛苦中，他没去触及这份痛苦，而是不断加强与女孩的情感链接，比方说，他们大学时一起去过一家饭馆，虽然那家饭馆早搬了，但他花费心思找到新地址，把林佳带去，两人在饭馆里共同回忆了大学的美好时光。

当女孩和闺密一起去卡拉OK和其他男人唱歌时，他开车送她去，对她的行动没有任何干涉，只是默默地注视着女孩的背影和其他男人远去，并在卡拉OK门口静静等待和守护。当女孩出来坐在门口心情难过时，他又及时发现，送女孩回家，也正是他的用心守护，才为他创造了更多的机会。

女孩看到把自己前男友勾走的那个姑娘时，心里非常痛苦，这时她叫这个男人到自己家来，对他倾诉，他乐得用心陪伴和倾听，这一切都在不断地为他们之间的情感加分，直到最后，女孩终于做出选择，嫁给了他。

也就是说，假如你所爱的人还想着前任，而你希望和他继续走下去，那就要克服自身性格的局限：红色性格要克服情绪化，蓝色性格要克服多疑负面，黄色性格要克服简单粗暴，绿色性格要克服忽视不作为，取而代之的是以积极乐观的心态，尊重对方的过去，尊重对方的自由，多创造彼此相处的机会，多关心和关照对方，加强彼此的情感链接，用时间来逐步影响对方，走出阴霾，走向美妙。

当然，也不排除一种可能性，那就是你们之间的情感，还不足以让你有那么大的动力来修炼自己，或者说，你感到你已失去了和对方在一起的信心和美好的感觉，那么，及时止损，也不失为一种选择。就像影片中，喜欢孟云的那个女孩。红色性格的王梓，当发现这个男人和她在一起，陪她一起玩，为她付出，都是在以这种方式补偿他对前任的亏欠时，她感到，这不是她想要的那种爱情，所以她很真诚地告诉对方，如果你无法说出"我爱你"，我们就到此为止。两人分开一年后，孟云已经彻底结束了和林佳的关系，王梓重新又出现在了孟云的面前。当然，这个是剧本的安排，现实生活中，也许他们分开之后有其他的变数，两人最终不会在一起了。但即便如此，及时地分开和止损，让自己有机会去寻找更适合的人，这也没啥不好。

15.

写给单亲再恋的你

如何让不同性格的孩子接受你的新恋情？

最近有位单亲妈妈咨询我，她离婚多年，好不容易找到自己所爱的人，想让儿子接受自己新找的男友，但儿子死活不愿意，问我如何是好。听到这个问题，我很感慨，因为我不管是当年做《非诚勿扰》时，还是在举办性格色彩的课程中，的确遇到过很多在这个问题上头痛的人。一个单亲爸爸或单亲妈妈，独自带娃，压力巨大，想有第二段感情开启全新的幸福，但因为孩子太小不懂事，就是不接纳这个所谓的"陌生人"，而你又不好跟孩子讲道理，只好就这么搁置，活活把自己的大好年华都耽误掉了。待父母年华老去，孩子长大后，自己也觉得少时很过分，耽误了单亲爸妈的幸福，但悔之晚矣。

北京卫视第一季《我是演说家》里，我有个学员，名叫章早儿。当时她是个与癌症斗争的单亲妈妈（现在已经有了美满幸福的第二段婚姻），她在自传《你是我生命永远的主角》中提到，不光她自己是单亲妈妈，其实她妈妈也是单亲妈妈，而她小时候就是那个打死不同意自己妈妈再谈恋爱的小混蛋。她印象最深刻的有两个叔叔，第一个叔叔坐长途车，大老远跑来找她妈妈，他知道早儿喜欢洋娃娃，给她买了很多洋娃娃，可惜啥用没有，她一个都不喜欢。而另一个叔叔会主动帮她补习功课，但在她看来，这种行为无异于讨好。我学习这么好，为什么要你来帮我辅导功课？久而久之，她家里就再也没叔叔这个物种了。她的这种表现让她妈妈很寒心，所以，她妈妈就一直单身到离开这个世界。这件事是她此生最懊悔，觉得最对不起她妈妈的。

我曾经问她为何那时要拒绝那个叔叔，结果早儿说："我觉得自己的爸妈是全世界最好的爸爸妈妈，他们都没资格取代我爸爸，他们也没资格娶我这么好的妈妈，"就这么一个想法，把自己妈妈下半辈子的幸福给埋葬了。更要命的是，老人家是有老人家自己的生活的，你不让她有一个伴，老了以后，她就要天天和你做伴，可是，你还要有自己的生活。所以，中国有好多脑子糊涂的年轻人，天天反对自己的爸妈寻找新的幸福，最后的结果就是，不仅赔了爸妈的幸福，把自己的幸福也赔了进去，因为长大以后，她会这样暗示自己："我妈妈为了我终生未嫁，我爸爸为了我终生未娶，那我就要陪他们到终老。"结果老人家还没走，自己就变老啦。

以上这些是题外话，我就是想表达一下：作为子女，我们应该鼓励父母找到新的幸福，至少你无权阻止自己的父母寻找他们的幸福。

回到本文的出发点，如果你是一个单亲的爸爸或妈妈，还领着一个不太懂事的孩子，想谈新的恋爱，却害怕自己的孩子拒绝，或者怕把你现在的对象介绍给你的孩子，该怎么办呢？

你首先要搞清楚你自己的孩子是什么性格，你要根据孩子的性格采取不同的方案。如果你目前还不确定自家孩子是什么性格的话，你可以去听我在"乐嘉"微信公众号上的第一张微课专辑《乐嘉性格色彩读心术》的第 6 讲——"读懂孩子性格的快速方法"。

● 不同性格的孩子听说父母有新恋情时的反应

简单来说，四种不同性格的孩子，听说自己相依为命的爸妈有了新的恋情，他们的反应和感受是不同的。

红色性格——不开心、不接纳

红色性格小孩的第一反应是不开心。就像前面说到早儿小时候的反应一样，单亲家庭中，孩子对父亲或母亲的依赖比一般家庭都要强，而红色性格天性中依赖性是最强的，他会觉得一旦有人进入这个家庭中来，自己和亲爸或亲妈的情感就会受到破坏，而且红色性格内心总在幻想一些美好的事物，即便爸妈已经离婚好多年，红色性格孩子的内心依然会幻想他们有复合的一天，新恋情的出现无疑是对这种美好想象的颠覆和破坏。

蓝色性格——不安与怀疑

蓝色性格小孩的第一反应是不安和怀疑。因为蓝色性格天性中规则感很强，蓝色性格的孩子会在逐渐建立的习惯中循规蹈矩地生活下去，任何新的变化的产生都会带给他不安，更何况是家庭关系的重大变化。对于新出现的这个人，蓝色性格小孩也会有很强烈的陌生感和距离感，非常不愿意靠近。

黄色性格——反弹和质疑

黄色性格小孩的第一反应是反弹和质疑。黄色性格天性中目标感很强，在感受他人方面比较弱，对他来说，这个新叔叔或者新阿姨的进入，让他有领地被侵犯的感觉，并且他内心会有质疑，这个新来的人会对我们好吗? 能给我们家带来什么?

▲ 绿色性格——听天由命

绿色性格小孩是四种性格小孩中最容易接受大人安排的。所以他的第一反应是"好吧，那就这样吧"，但并不表示他会和新来的叔叔或者阿姨会很快熟络起来或者处得特别好，他可能只是一副听天由命的样子，不多说什么，继续原有的生活轨迹而已。

那么，如果你是一位单亲家长，想要让孩子接受你的新恋人，在新的家庭组合中过得快乐而幸福，可能需要付出很大的努力，具体来说，针对不同性格的孩子要用不同的策略。

● 如何让不同性格的孩子接受自己的新恋情

✳ 红色性格小孩——给予快乐

刚才提到的章早儿，因为她自己当年拒绝了妈妈的男朋友，所以她现在做了单亲妈妈，也怕自己的孩子拒绝自己的男朋友。不同的是，她的男友学过性格色彩，知道怎样搞定早儿红色性格的小孩子。

他知道红色性格的孩子喜欢快乐好玩的事，喜欢互动和赞美，所以，他就主动陪早儿的孩子聊天，并且只聊孩子感兴趣的话题，对他所做出来的成绩，不管大小都时不时给予赞美和认可，这种东西比你送给他几个超大的变形金刚要有用得多，久而久之，早儿就发现，她的男友居然和她儿子睡在一间房里，两人亲如兄弟，她就觉得事情成了，如今她已经结婚并且又有了第二个孩子，非常幸福，我也替她感到开心。

在《我的前半生》里，女主角子君离婚了，带着儿子平儿，男主角贺涵因为同情而帮助她，两人关系渐近。因为贺涵一直非常关心平儿，给他买礼物、过生日，不断把快乐带给这个孩子，所以，红色性格的平儿很快就接受了贺涵叔叔，和他的关系变得非常亲近。贺涵在赢得平儿心的同时，也打动了子君的心。

▶ 蓝色性格小孩——给予安全

如果你家孩子是蓝色性格，你要有持久战的心理准备，因为在四种性格里，蓝色性格天性就很难快速接受新事物，并且会对过往属于自己但已经失去的念念不忘，他自己长大后选择一个配偶都要深思熟虑，花好长时间，更何况，你现在要介绍给他一个人做他的新爸爸或者新妈妈，难度可想而知。你千万别指望用之前对红色性格的方法来对他，因为那些所谓的认可啊、赞美啊、互动啊、聊天啊、送好吃的好玩的啊，在蓝色性格的孩子眼中是很低级的讨好行为，他会认为你这是在耍手段，不真诚，你对我，都不真诚，对我妈也好不到哪儿去！

到底怎样搞定蓝色性格的孩子呢？

我们课堂里的一个单亲妈妈分享了她的故事。她的男朋友很聪明，学过性格色彩之后，知道她的孩子是蓝色性格，几乎很少在孩子面前出现，但是，他会暗中给孩子一些照顾。比如，趁着孩子不在家，帮着把家里所有的衣服熨平；给家里布置一些小巧的绿色植物；买些这个小孩子感兴趣的课外读物放在书柜里；还经常做点好吃的不声不响地送到学校给他当午饭；而蓝色性格的孩子智商很高，完全能察觉出这人的存在，而且很清楚这根本不是他老妈这种粗线条的人会做出来的事。时间长了，这个男人在孩子心中的印象分一点一点增加。大概两年后，我这个学员在家里做完饭跟孩子一起吃饭，这孩子突然对她说："妈，你炒的这几道菜不如我上次在学校吃的那几道好吃，要不以后你别做饭了，换个人帮咱们做吧。"

她瞬间泪崩，蓝色性格说话都委婉，这看似平淡的一句话其实就证明，这个孩子已经打开心门，准备正式接纳妈妈的第二段感情了。

★ 黄色性格小孩——说明利害

黄色性格的孩子很有主见，他认为正确的事情，即便你当爹当妈的反对，他也要去做；他不喜欢的事情，你要是不掌握正确的交流方法，苦口婆心说上半年都没用。但是，黄色性格天性中目标感很强，即便是黄色性格的小孩，也能清楚地知道做什么有好处，做什么没好处。

记住，如果你想要黄色性格的孩子接纳你的新恋人，你需要特别强调这人能给家里带来啥好处。你可以告诉他，这个叔叔人很好，很愿意为妈妈付出，如果他来家里，可以天天接送你上学；这个叔叔是大学毕业，数学特好，来了以后，可以辅导你数学，可以让你数学成绩考第一；叔叔来了以后，妈妈和叔叔两个人一起努力，我们家就可以早早住上大房子，里面可以有你的儿童活动屋。说的同时还需要做，黄色性格的孩子需要看到实际行动的证明，只要他看到确实因为叔叔的到来，家里变得越来越好，他自己就会改变对这个叔叔的态度。

▲ 绿色性格小孩——建立依存感

在四种性格里，最没有主见也最不会反对别人的，就是绿色性格。你可以想象，阻止自己的爸妈找对象这事绝不会出现在他们身上。而如果你想把自己的对象引荐给他，希望他可以接纳，你毋需像对黄色性格的孩子一样，去分析什么好处。你要多制造机会，让新恋人和孩子多多相处，你可以告诉他，咱家孩子比较被动，其实他性格很温顺，不要因为他不出声不行动，你就以为他不接纳你，其实你可以主动多带他出去玩。你可以告诉孩子，妈妈真的很希望你和叔叔尽快熟悉起来，遇到什么问题，你都可以请叔叔帮忙，通过这样的牵线搭桥，让绿色性格的孩子和新对象之间的相互依存感越来越强，一旦这种依存感建立了，就没你啥事了。

许多人会抱怨自己的孩子不懂事，拒绝让自己迎接新的生活，于是，在无奈和愤慨中让自己孤独终老，但其实问题并不在于孩子，而是你并没有采取主动策略，学会用正确的方法和话术，让孩子接纳这位全新的家人。每个人不管年龄大小都需要爱，孩子需要有很多可靠的亲人来帮助自己成长，不要因为孩子一时的阻拦而轻易放弃争取的机会，不然等孩子长大懂事了，你和他都会后悔的。

分手

16.
写给决定分手的你

如何友好地和不同性格分手？

分手，一直都是网络里热议的话题，分手的情景，也很容易成为电影里的经典镜头。

比如，《失恋33天》里，黄小仙的分手属于——被分手，在最普通最平常的一天，突然发现自己的男友跟闺密在商场亲密地试香水。在毫不知情的情况下，她成了男友和闺密的第三者。

比如，再比如《分手合约》里催人泪下的分手，女主何俏俏因为得了白血病，在男友向她求婚之际，她不忍心让男友孤独终老，而被迫跟男友说狠话，最终分手。

比如，《奔爱》里柔软温情的分手，苏乐琪因为跟男友长期异地，男友提出分手，她知道这个局面可能无法挽回了，想要真正地从内心里忘了男友，远赴日本，于是她来到男友生活了很多年的城市，走过每一个男友在信里提到的地方，在心里将他远送了。

● 不同性格想分手如何表达

分手的情节不尽相同，相同的是那颗怕伤害对方的心，毕竟"一日夫妻，百日恩"，哪怕只相爱了一天那也是爱过的。当爱情走到尽头，我们应该如何友好地说分手呢？

▲ 绿色性格分手时的表达——忍着不分，纠结不说

绿色性格不太会主动跟别人分手，不到万不得已，不会走到分手那一步。因为他们认为，过得好好的，干吗要分手？对方再爆的脾

气，到绿色性格这里也会化为乌有，所以，跟绿色性格的人相处，感情是最稳定最平和最不容易说分手的。一定要有极大的耐心跟他们去沟通。

✗ 红色性格分手时的表达——情绪反复、爱逃避

红色性格最容易情绪化，冲动。经常吵着架，一气之下就说"分手吧"，对方说"分就分"，说完扭头就走。过了两天，他后悔了，哭着喊着要复合，结果人家把分手当真了，傻眼了吧？

所以，红色性格要注意的是，不要在情绪激动时做决定，尤其是吵架时，头脑一热，最容易做后悔的决定，还容易伤对方的心。如果你们之间真有问题，冷静下来，好好聊聊，能解决就解决，实在不能解决，那就好合好散。

红色性格在分手时，还有一种可能的毛病就是拖延、逃避。因为他们害怕让对方受到伤害，尤其是害怕对方的指责和无辜的眼神。我们常在影视里看到，女人不爱男人了，心里已经爱上了别人，但她不敢跟男友说，害怕伤害他，于是，就一直拖着，跟现任男友的关系相处不好，和心里那个爱的人也可能擦肩而过。看似用情至深，其实对双方都不负责任，对谁都不好，还不如第一时间就说清楚。

➤ 蓝色性格分手时的表达——先以冷战缓冲

蓝色性格就算感情真的出了问题，也轻易不会说出"分手"二字，因为蓝色性格就连分手也要分得完美。他们一般先用冷战来做缓冲，直到真的想好。问题是，往往等蓝色性格想好了，他的恋人可能已有了

新欢。

有一个红色性格的男人,学性格色彩之前,完全不知女友的性格,只是觉得女友性格有点古怪。谈恋爱时,两人一起逛街,他一个人开心地走在前面,走着走着,发现女友不见了,远远落在后面,他就走慢点,等着。女友过来以后,他就问"你怎么走这么慢啊?"她说:"你不觉得你走得快吗?"

有一次,他们吵了一架,大概有一个月,女友都没联系他,红色性格的他就以为,这是分手了。没过多久,男人又找了一个女友。半年后,男人因工作调动换了手机号。他经常会接到一个号码打来的电话,但就是不说话,时间一长,男人觉得特别诡异,就从他的朋友中打听这个电话是谁打的,结果发现是前女友的电话。后来女生再打电话的时候,他就说,你是那个谁吧,你怎么总是打电话过来不说话啊,我们不是已经分手了吗?女友说,我们分手了吗?男人很疑惑地说,我们没有分手吗?女友说,我们什么时候分手了?我们说过分手吗?男人说,你当时一个月都没有联系我,不是分手吗?女友一句话不说,挂掉电话,从此再也没有打电话过来。

蓝色性格的人,如果想要友好地跟对方说分手不留下遗憾,最好是能第一时间跟对方说,即使你有很多想法、顾虑,也要给自己一个时间期限,不要太长,这个时间一到,就要跟对方说出自己的想法。不要自己一直钻牛角尖,把一段本来还能挽回的感情硬是拖没了。你不说,别人永远不会知道你心里想的是什么。

⚡ 黄色性格分手时的表达——隐藏情绪，果断决绝

黄色性格最不相信眼泪，即使面对分手很难过，也会把自己的情绪隐藏起来，不让别人发现，但有时，他们也会因此忽略对方的感情，让人觉得冷酷无情。

以前一个跟我咨询的学员说她前男友就是黄色性格，每次他们闹分手时，男友都是直接跟她说，你先冷静下吧，等你冷静了我们再说，从来不哄她。闹到最后，男生直接跟她说："别闹了，分手吧，既然你跟我在一起这么不愉快，那还不如分手"，电话就挂断了。等到女生反应过来，给男生打电话，男生电话已经关机了。为此，这个女生难过了一个月，后面再恋爱一直有心理阴影，尤其是打电话时，即使信号不好，对方挂断，她都特别敏感，感觉是不是自己做错了什么。

其实黄色性格的人这么做，是觉得既然分手了，那就不要再有任何藕断丝连，说清楚了，说明白了，就好了，没啥可以留恋的，当然不需要再联系了。

所以，黄色性格在说分手时要注意，无论自己多坚强，还是要照顾到对方的感受。不是所有人都具有像黄色性格一样快速从痛苦中走出来的能力。尤其是面对蓝色性格的时候，蓝色性格最难从情绪里面走出，一定要有极大的耐心去跟他们沟通。

对于说分手，最难的就是，你已经不爱了，但对方还爱着你，"分手"这两个字在嘴边转来转去，说出去怕伤害对方，不说吧，自己又难受，话在嘴边又咽下去的感觉真纠结。有时，纠结拖延到最后，就会像《失恋 33 天》里的黄小仙的分手场景，因为前男友和闺密都害怕黄小仙受伤，拖到最后，变成被黄小仙自己撞见。这种情况只会更加伤人。

那到底如何说分手，才不会把分手现场变成车祸现场呢？

● 如何友好地对不同性格说分手

◢ 和绿色性格谈分手——认真表明态度

先说绿色性格。绿色可能是所有性格里，最容易接受你跟他说分手的。绿色性格情绪平稳，而且凡事都先考虑对方的感受，即使内心波澜，可能也只会多问几句，"你真的想好了吗？"如果你跟他说明白，让他知道你做的这个决定是认真的，是想清楚了的，那么，绿色也会忍痛割爱，就好像有一首歌里唱的："只要你过得比我好，过得比我好，什么事都难不倒，一直到老。"

▲ 和黄色性格谈分手——让对方主动提出

黄色性格比较容易反弹，你跟他说分手，他的第一反应可能是，"凭什么你跟我说分手啊，要说也是我说啊！"所以，跟黄色性格说分手，一定要给足对方面子，最好是让对方主动说分手。

我们有一个学员，男友是黄色性格。长期工作在外，非常忙，时间久了，她觉得跟他谈恋爱没什么意思，想要分手。当她每次想跟他沟通的时候，他就说自己很忙。女生打电话的频率，从每天一次慢慢变成两三天一次，再后来变成一周、半个月、一个月……直到最后，好几个月没打电话，男友有一天突然打电话说："我们分手算了，经常不在一起，也没什么意思。"女生说好，就结束了。

其实除了这种方法，直接跟黄色性格说，可能是最快的方法，虽然当下他可能会反弹，但是冷静下来，黄色性格会去衡量坚持你们两个人在一起是否对他有意义，既然你都放弃了，他坚持的意义也不大。与其拽着不放，还不如把时间投入到下一段更美好的感情中去。

和红色性格谈分手——照顾对方情绪

红色性格最容易在分手过程中出现情绪，刚开始你跟他说，他还会跟你吵，以为你是跟他闹别扭了，可能到最后，才会反应过来："是真的要分手了吗?"

有一个学员，他的前女友就是红色性格，两个人三天一大吵，两天一小吵，沟通了很多次，女生每次都是最后又挽留，他也总是不忍心。男人到最后，实在忍不了了，就跟女生说了分手。男人就是担心女生情绪不稳定，所以，就跟女生的闺密说了他们的情况，让他们以后多照顾这个女生，闺密们也表示理解。

这时候被分手的红色，最需要的就是感情寄托，需要知心的朋友能在身边陪伴并且安慰，直到走出这个情绪。好在红色性格的情绪来得快，去得也快，等到情绪都释放了，闺密对她好言相劝，如果对方真的是决定了，她也会明白，再挽留也没什么意义。最后这个男人，既解决了感情的问题，又消除了自己的后顾之忧。

▶ 和蓝色性格谈分手——说明缘由

当你跟蓝色说分手的时候，即使他内心再怎么不愿意，他也不会挽留你，有时蓝色对于自我形象的保护，高于对结果的重视。蓝色通常会沉浸在情绪里，无法自拔，而且会不断地思考你提分手的原因，但他不会主动跟你沟通，不会像红色女那样问："我们之间到底出了什么问题，你告诉我。"而是选择默默地离开，就像《一封陌生女人的来信》里面，作家一个眼神一个动作，女孩就知道自己该离开了，从不挽留。但是你阻挡不了女孩多年来的思念和爱。

如果你是真的想跟蓝色性格的他说分手，可以考虑直接告诉他原因，如果想要他心里好受点，可以跟他说明分开的原因，不要让对方整日沉浸在无尽的思考里。但是，如果他真的爱你，即使你们分手了，你也阻挡不了他对你的感情。你也无须太过愧疚，如果你对他已经没有爱，你的离开，对他，其实是一种尊重。

17.
写给被人抛弃的你

失恋后不同性格应该如何应对?

有一天，你的恋人突然主动向你提出，"我想我们可以结束了"，假设你还爱着她，你会怎样？如果你感到周身发凉，陷入冰窖中无法自拔，这时，你该用怎样的方法自救呢？又或是你的朋友正在遭受失恋的折磨，你该用什么样的方法，帮他们走出黑暗呢？

● 四种性格失恋后的反应

并非所有的人面对失恋都痛不欲生。在学习怎样可以抚平内伤，走出痛苦前，我们需要先知道，不同的性格在分手后会出现怎样不同的反应。须知对方如果突然提出分手，确定无法挽回后，四种性格的人走出痛苦的时间长短和方式完全不同。

◢ 绿色性格——平和接受

因为心态平和，恋爱时，本来就没那么狂喜和高度激情，失恋后，自然痛苦也没那么强烈。虽然已经习惯的东西突然没有了会很不适应，很不舒服，但这个世界上，没谁都一样可以活啊，得之我幸，失之我命。

♦ 黄色性格——权衡利弊

当被人提出分手时，瞬间产生反击的心态，凭什么是你甩我？老娘要把那个插足的女人打跑，再把你追回来，然后再甩了你，让你也尝尝被甩的滋味！可话是这么说，事实上，黄色性格会立即在内心做个利弊权衡，那就是，这人到底值不值得挽回？权衡之后，如果无比重要，那不惜任何代价，也要挽留下来；这个人如果没那么重要，那就不费力了，散了也好，留下精力更好地工作，总有一天，那个家伙一定会后悔的。

香港演员刘德华，典型的黄色性格，在回忆自己过去的时候就说，当年就是因为拍连续剧工作太忙，忽略了女朋友的感受，结果女朋友就提出分手了。刘德华在短暂痛苦之后，继续投入到工作中，让自己变得更忙，他倒不是用忙来让自己不去想失恋的伤痛，而是在他看来，分了就没有任何后顾之忧了，让他当年开始火得一塌糊涂的《天若有情》和《旺角卡门》，就是失恋后的产物。

▶ 蓝色性格——深陷痛苦，无法自拔

作为情感高度丰富的一类性格，蓝色性格即便内心已经翻江倒海，也不愿外部轻易表露，更愿意收敛到内心。而且一旦他们觉得自己受伤，就易深陷痛苦，有滴不尽的相思血泪。

所以，四种性格里，蓝色性格最容易活在过去，心里装着一面放大镜，一面把过去的美好回忆放大，一面把失恋的痛苦放大，然后，深陷失恋的深潭。要是红色性格陷入这滩水，痛苦不堪时，会大吼大叫，寻求外力帮助，让自己解脱。而蓝色性格则是让自己隐形，不让任何人知道自己陷在这滩水里。

在约翰尼·德普主演的《剪刀手爱德华》中，爱德华不被镇上的

居民认可，被迫要跟他心爱的人分手之时，他只好一个人逃到古堡，永远隐藏在不为人知的角落，默默回味过去这段日子跟女主角在一起的甜蜜时光，然后在古堡里雕刻爱人的冰雕。他剪刀剪下的冰花飘在空中变成雪，洒在整个小镇上，陪伴着他的爱人从一个年轻的小姑娘，一直变成一个老太婆……

✸ 红色性格——悲痛欲绝，走出较快

被分手后，他们陷入低谷的最底部，此时，典型的红色性格具有一种强大的能力，那就是——让全世界都知道他失恋了。

早年有部意大利电影《卡比利亚之夜》，把红色性格失恋后的反应表现得淋漓尽致。女主角卡比利亚是个红色性格，活泼开朗又单纯，她爱上了一个男人，但是这个男人是个骗子，把卡比利亚的钱骗光了之后，知道卡比利亚不会游泳，就约她去河边游玩，趁她不注意时一脚把她踹飞到河里，然后带着钱跑掉了。

卡比利亚被好心的路人救起之后，就开启了红色性格被分手后的经典模式。第一步——否定！不可能！把我踹到河里的肯定不是他！我这么深深地爱着他，他肯定也这样深深地爱着我！他再狠心也不会踹我下去的！他肯定是去叫警察了，或者他已经在家里等着我了！他绝对不是一个负心薄幸骗我钱的人！即便全世界都不相信他，我也会相信他！

当她湿漉漉地跑到家里，发现家里被翻得乱七八糟，杯盘狼藉的时候，她就开始了第二步——怀疑，难道他真的只是为了钱才

跟我在一起的吗? 难道我的真心没有换回他的真心吗? 难道真是他踹我到河里的? 难道他之前对我说的那些情话, 说要跟我在一起一辈子都是假的吗? 这怎么可能! 这怎么可能!

隔壁邻居是个黄色性格, 看到她这样就对她说, 我早就看出那个男人不是什么好东西了, 之前劝你你也不听, 这下好啦, 人跑了, 你钱也没了。

卡比利亚一听很崩溃, 立刻就进入到了第三步——愤怒和发泄。她在屋里大喊大叫: "这个王八蛋, 枉我全心全意对你, 把我的工资都花在你身上, 你就这么对待我! 你个大骗子!" 然后就在屋里一顿乱砸, 反正都被那个男人翻乱了, 就开始把桌椅窗帘能毁的全毁, 再把他俩的照片一张张剪烂撕碎, 跑到门外, 一把火全部烧掉, 嘴里还高喊着: "死吧, 你, 去死吧! 再也不要回来找我! 你跪在我面前, 我都不会原谅你的!"

当她看到熊熊烈火中的照片逐渐化为灰烬的时候, 再看看身后破乱的屋子, 然后看看自己身上还沾着水草脏乎乎的裙子, 她就进入到了第四步——崩溃和大哭: "为什么我这么薄命啊, 老天爷你为什么要这么对我! 我对他这么好, 为什么他还要这样骗我, 我这辈子都得不到真爱, 啊!"

如果你是个典型的红色性格, 曾经被爱人背叛, 被别人分手, 肯定能对卡比利亚感同身受。而如果你去观察各大琼瑶剧、校园青春爱情剧, 就会发现, 红色性格的男女主角在被分手遭到背叛的时候, 几乎都是这个模式。高强度的爆发力和破坏力, 搞得人尽皆知, 好像谁劝都没有用，谁劝跟谁急，整个人就是一滩烂泥，啥事儿都不想干，有的还立刻飞到天涯海角、丽江西藏，美其名曰忘掉过去，开启全新的人生。

对红色性格而言，爱就是毒品，当要而不得时，他就会疯狂窒息，之后，开始干傻事。

你平时看着报纸上那些下跪割脉跳楼上吊吃安眠药砍人泼硫酸的痴男怨女们觉得匪夷所思，其实这些行为并不罕见，"悲痛欲绝"这种词在红色性格这里，只能算是痛苦的入门级。

你可能会被红色性格这种失恋后的样子吓到了，但你完全不必担心，因为红色性格在失恋后还有一个特点，那就是——时间可以帮助他们快速疗愈，有时突然来了个什么好事，或你介绍给他另一个对象，他们可能立刻就满血复活。

就像亲爱的卡比利亚小姐，她当晚在大街上散步，偶遇了一个影星，立刻就把踹她下水的那个男人忘了，开启了全新的爱情，但后来发现这个演员有家室，再次失恋崩溃；没多久，又遇到一个小鲜肉，开始全新的爱情，结果，这小鲜肉也是个大骗子，她又崩溃，好悲催的姑娘啊！

可是，电影结尾，她看到大街上一群人在搞游行庆祝节日，她行走在队伍里，满脸露出的又是标志性的灿烂笑容。不懂性格色彩的人看这个结尾觉得好讽刺，可懂性格色彩的人一看就明白，这丫头就是个超级典型的大红色性格。

你看，红色性格的感情线几乎就是波浪式前进，失恋后，陷入十八层地狱，一旦出现了新目标或令她开心的事情，很快就从低谷中一跃而起，重现光明。

● 不同性格应该如何在分手后自救

经过上面分析，有人可能会说，黄色性格和绿色性格在失恋后不会痛苦吗？难道他们是冷血动物吗？非也，四种性格的人在经历了一段感情后，突然被宣判结束，每个人必有心悸，只是大家对这般痛苦的体验程度大小不同，而且表达方式不一样。如黄色性格这般，痛苦如天雷般一闪而过，便立刻将思绪集中在怎样解决问题上；绿色性格则是在失恋的天雷过后，选择闭眼，默默接受现实，并自行消化这等震耳欲聋。

而红色性格和蓝色性格则会在晴天霹雳过后，瞬间陷入巨大的痛苦，哀叹"苍天呐，你为何劈我啊？"顺势滑入失恋的泥沼，无法自拔。

上面分析得已经很清楚，最容易在失恋后陷入低谷的，几乎都是红色性格和蓝色性格，那这两种性格的人应该怎么自我解救呢？

▶ 蓝色性格的自我救赎

在《写给单身的你》里，有篇文章是专门写给蓝色性格的，标题是"写给活在过去的你"，文中提到，既然蓝色性格的朋友很讲道理，那么咱们就来论一论爱情的道理，那个背叛你的人已经明明白白地告诉你，"俺已经和另一个人走了"，这时，你就理当让自己向前看。可偏偏你要选择自我伤害的方式，这种做法不但会让你失去恋人，同时还会失去自己，这是双倍赔本的愚蠢买卖。

换个思路讲，那个人主动向你提出分手，应该算是对你们感情的最大忠诚。为什么这么说呢？他没有忠诚于自己的承诺，但他忠诚于自己的感觉。当他爱你时，他和你在一起；现在他不爱你了，他就离去，这就是忠诚于自己的感觉，难道你希望他已经不爱你了，还要继续装作情义深重，跟你结婚生子吗？相信蓝色性格的你肯定是更不能接受的。所以，你要学会感谢那个主动和你说分手的人，因为他给了你一份内心的忠诚，同时也给了你寻找自己幸福的新机会。

✂ 红色性格的自我救赎

红色性格很容易受到外界的影响，而且很享受别人对他的关注和安慰。所以，如果你红色性格的朋友正失恋，请你主动将他从一滩烂泥的状态中拉出来，带他去做一些他平时很喜欢的事情，看些新上映的喜剧电影，带他去旅游踏青，找个没人的地方和他一起抱头痛哭，甚至再给他介绍一个对象，只要你让红色性格的朋友开心起来，并且注意力分散，不久以后，他们就会从失恋的低谷中走出来了。

但如果你自己就是一个正在陷入低谷中的红色性格，请你一定要用两件事情来自救：

第一，不要再让自己扮演行尸走肉，你要让自己动起来，给自己布置些简单易做的任务。比如打扫屋子，拼拼图，听乐嘉先生的微课……当你做了这些事情之后，你做完事情的那种充实感会在一定程度上弥补你失恋后的空虚。

很多红色性格的歌手，这方面做得就很好，失恋了，他们立刻就开始创作，把自己的感受写到歌曲里，结果写出来的作品一经传唱，大火特火，反而成了好事，他们甚至还要感谢那个向他们提出分手的人，嘿嘿，失恋真好！想想阿黛尔吧，这个英国有史以来最富有的女歌手人生之所以开挂，是因为每次失恋都会唱首好歌，媒体经常吹捧，啊，这是她内心情感的流露啊，这是她的分手感言！我感慨的是，阿黛尔，这是个多么标准的红色性格啊！这种失恋真的好好啊！

第二，就是你要学习一下蓝色性格，用科学的方法或者让专业的咨询师帮你去分析，为什么你的这段感情会以失败告终，这对于红色性格来说太痛了，而且红色性格从来都是追求快乐逃避痛苦的，但是如果你不正视不复盘这段感情，不从中吸取教训的话，在未来的感情中你还会在同一个地方摔跟头的。

最后，我还要对失恋后的黄色性格和绿色性格的朋友说：虽然别人表面上看不到你们的痛苦，但我内心清楚，被宣判失恋的结果，必会让人倍感失落，只不过在失恋这件事上，你们因为天性的原因，比红蓝两类朋友要更容易自行解决，黄色外求解决，绿色内求接受，可无论你走在解决的道路上，还是自我接受的道路上，必然会因伤口的存在而感到阵痛。

我要借用《天堂电影院》的台词做结尾：如果你不出去走走，你会以为这就是全世界。如果那个人就是你可以厮守一生的人，就是那个给你幸福的人，他是不会离开你的；但如果他选择离去，那就让他去，你们彼此去寻找那个能给自己带来幸福的人，那才是最应该做的事情。

18.
写给有心复合的你

分手后如何争取与不同性格复合？

很多情绪激烈的朋友在被分手后，情感处于巨大痛苦时，都会期待对方回心转意，我所见到的一些情感丰富的朋友在挽回分手一事上，都有些异曲同工。无论男女，他们通常的做法是这样三步曲：

第一步：期待

这步最多三个月，平均一天一封信，厉害的可以一天数封，走的是信海战术，希望以情动人，每天拿出孟姜女哭长城的架势，等着对方回心转意。

第二步：决心

这步大概两个月。如果这么多信过去，都未见回音，见对方如此薄情，则由爱生恨，开始指责对方。通常写信会先在开头细述这段日子的痛苦郁闷，批判对方的不近人情是多么不人道，再对这种行径有节制地批判，最后，信誓旦旦，诸如"这是我给你的最后一封信，吻你，最后一次说爱你！"等等。

第三步：垮掉

在说了十次"最后一次爱你"后，耐心和自信彻底都磨光，终于，精神被彻底摧毁，对回信不再抱希望，幡然悔悟，坦承自己之前的想法是多么幼稚，心灰意冷，还是好聚好散吧。只是把对方的信箱当成自己感情的墓地，痛苦时来凭吊一番。

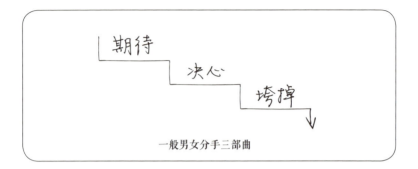

一般男女分手三部曲

不过，他们当中运气好的，可能在第一步结束的时候，对方就回心转意了。而这当中，决定运气好坏的最重要的秘诀，其实就是性格! 不管是分手还是离婚，当你想跟你的前任复合时，到底有没有这种可能，一切都取决于他们希望复合的人的性格。如果你到现在还不知道对方性格的话，就是现在，立即先去做个性格色彩的卡牌测试。

黄色性格——很难复合，除非你变

在四种性格里，分手后绝难复合的有两种性格：黄色性格和蓝色性格。黄色性格一旦决定跟你在一起，说明他在很多方面认可你，不认可你的话，断然不会跟你在一起，而且当初追你的时候可能会在你面前尽显浪漫，可一旦得手后，基本就快速收起当年的甜蜜，转而花更多时间在事业上，因为爱情的目标已经达成，必须要投入到下一阶段的重要目标。另外，他们要么要求你，希望你跟他一起变得强大，成为人生的强者；要么要求你相夫教子、安心听话，做好后方保障。所以，如果你们的感情出了问题，黄色性格的本能反应是把问题解决掉，继续前进。

最极端的案例，是在婚姻中有一方出轨，另一方是黄色性格，黄色性格不会轻易冲动做出分开的决定，而是先问自己还要不要这段关系。如果要，即便内心受到伤害，也会理性地做出一切可稳固婚姻的动作，比如当年希拉里在克林顿和莱温斯基事件后的处理方法，她并未离开克林顿，而是选择站在克林顿旁边。这对勇攀政坛高峰的希氏而言，绝对是政治生命延续的保障，至关重要。但是，如果对方犯了黄色性格认为无法原谅的错误，或者是因为对方持续地无法成长，无法跟上黄色性格的脚步，又拒绝接受黄色性格的建议，是黄色性格主动提出分手，要想挽回就会非常难，且几乎不可能。因为黄色性格相信自己的判断，不容易被感情牌打动，所以，哀求或说服于黄色性格不值一文。唯独有一种可能，就是分手后，黄色性格忽然发现你又是他真正想要的，这时，不需要你去找，他会主动设法和你复合的。

经典好莱坞电影《乱世佳人》的女主角斯嘉丽是一个黄色性格较多的女人，她经历了三次婚姻，心里始终喜欢的是别人家的老公艾希礼，而对深情地爱着她、为她遮风挡雨的白瑞德，她一直排斥和抗拒。虽然她嫁给了白瑞德，白瑞德也一直在尽力包容她喜欢艾希礼这件事，但两个人的情感不断出现裂痕，终于还是分手了。当艾希礼的妻子死之后，她不顾一切地扑向艾希礼，紧紧抱住他，站在一旁的白瑞德无法再忍受下去，转身离去。面对伤心欲绝毫无反应的艾希礼，斯嘉丽终于明白，她爱的艾希礼其实是不存在的，她真正需要的是白瑞德。当斯嘉丽赶回家里告诉白瑞德，她是真正爱他的时候，白瑞德已不再相信她。他决心离开斯嘉丽，去寻找自己的生活。而这个时候，斯嘉丽决定，无论如何都要设法挽回白瑞德，和他复合。

▶ 蓝色性格——很难复合，我心已死

在四种性格里面，复合难度同样很高的还有蓝色性格。因为蓝色性格在进入一段感情前很难，他会考虑到种种可能和后果后，才进入这段感情，而且蓝色性格情感进入缓慢，但一旦踏入，将会全身心投入其中，他们想要从这段情感中出来的速度也是异常缓慢，所谓"慢进慢出"型。如果你跟蓝色性格的前任分手，再复合的可能性微乎其微，因为你蓝色性格的前任已经心如死灰。

金庸小说《神雕侠侣》，蓝色性格的小龙女全身心地准备投入到一段感情，和杨过在一起做他的妻子的时候，杨过却说，姑姑你做什么？我一直把你当我姑姑看待呀！我对您没有任何非分之想啊！事实上，小龙女被尹志平玷污时，蒙着面纱，她以为是杨过所为，现在却被杨过断然拒绝，立刻口吐鲜血，伤心而去。后来，又被黄蓉一番大道理说通，心如死灰，不再与

杨过来往，即便后来在绝情谷，明知杨过就在现场，她也断然不愿相认。直到后来杨过真情流露，破除了误会，两人才冰释前嫌。

可是，你要知道，蓝色性格的小龙女之所以跟杨过复合，是因为他们俩有机会消除误解，但是，如果这个误解始终无法说清，杨过逮不到机会解释并且表露真心，小龙女可能这辈子就老死在绝情谷了。因为从分手的那一刻起，蓝色性格内心的火焰已然黯淡无光。

蓝色性格和黄色性格不同的是：

第一，分手的时候，黄色性格的前任会把你判死刑；但是除非分手多次，对你完全绝望，否则蓝色性格的前任并不会判你死刑，他只会在你们两个人过去的甜蜜和痛苦中来回挣扎，深陷其中无法解脱。

第二，黄色性格在分手后就断了念想，雷厉风行地奔向下一个目

黄色性格
创伤愈合较快
对对方适合与否
做出理性判断，
不会太纠结于情绪

蓝色性格
创伤愈合慢
活在过去的认知
中，不愿意出来

黄色性格和蓝色性格分手后难复合的差异

标；但是，蓝色性格却陷入这个泥沼抽不出身，甚至还会在这滩死水周围加盖城墙，把自己围死在痛苦的小世界里，犹如小龙女的活死人墓。如果你再次来到这个小世界面前，叩门祈求复合，里面的蓝色性格只会装作不在家，不吭一声，默默流泪。他可以清楚地感受到你的真情实意，但是他给自己造的墙太厚，连他自己都无法从中逃离，只能在万般哽咽中，听到你放弃且再次远去的脚步。

▲ 绿色性格——最易复合，不会记恨

如果你的前任是绿色性格，向你报告，只要他名花无主，理论上，复合无难度。盖因绿色性格没啥大爱大恨，你来找他，他开门迎客；你撒手而去，他为你收拾行囊，目送你的背影远去。绿色性格很在意别人的感受，你离开了他，他会想，可能你有什么无奈的原因吧，那就这样吧。如果你又回来了，他会想，大概遇到什么难处了吧，回来就好，起码说明他还在乎我。

最典型的例子就是《阿甘正传》里的阿甘，他有个青梅竹马的女朋友珍妮，他小时候就很喜欢她，但是珍妮不喜欢阿甘，觉得绿色性格的阿甘太没意思。珍妮长期受到父亲的虐待，性格出现了很大问题。长大之后她自甘堕落，吸毒、喝酒和一帮嬉皮士鬼混，后来，和阿甘短暂相处了一段日子又跑掉了。绿色性格的阿甘一看安妮把自己甩下跑掉了，也不生气，只是哀

叹了一声，然后就各奔东西。多年后，珍妮再次联系上阿甘求复合，阿甘二话没说就同意了，对过去珍妮的撒手而去，他也毫不介意。因为绿色性格可以理解到别人内心的痛苦，他们很在乎别人的感受，既然别人主动选择跟我在一起，而我自己这时又没其他情感羁绊，这样也省得我再去找了，为什么要拒绝呢？

所以，如果你的前任是绿色性格，而他目前仍然没有步入新的感情，你们两人复合的可能极高，只要你主动去找他。

✄ 红色性格——容易复合，担心再伤

和红色性格的前任复合容易吗？红色性格从来都是当下生气和绝情，一冲动就嚷嚷着分手离婚，老死不相往来，然后，把联系方式统统删掉！可是，之后常常后悔，又主动跑过来，加回对方的微信，然后拼命跟对方道歉，即便是被对方背叛和提出分手，事后也很容易忘记愤恨，最终选择原谅对方。

在这点上，琼瑶阿姨深得精髓，每部剧里都能把红色性格的这个特点塑造得淋漓尽致。因为琼瑶剧的男女主角基本都是红色性格，整天把爱你挂在嘴边，"没有你，我就会死"一天说几百遍，你看着现在他俩因为一件事情吵架闹分手，但只要对方搞出点小名堂，马上就可以抱回一起了。

　　《还珠格格》里晴儿出现后，紫薇闹分手了吗？尔康一个紧抱跟着一个拥吻就搞定了紫薇，但相比之下，令人印象深刻的绝对是《情深深雨濛濛》。何书桓和陆依萍分手，并且要和她的妹妹陆如萍订婚，然后，陆依萍跑到大桥上，唱了首歌就跳下黄浦江，被救下来之后，躺在医院，说了几句梦话：书桓，我好爱你！书桓，你不要走！书桓，是我错了！何书桓在旁听着心一软，两人就复合了。不得不感叹，琼瑶阿姨学性格色彩学得真好！

绿色性格和红色性格分手后易复合的差异

　　我认识的一对情侣，结婚了三次，离婚了两次，现在还在一起，他们之间没有第三者，每次都是因为小事争吵到离婚，每次离婚后，都因为想念彼此的好而复合。

　　所以，很多红色性格情侣一分手，过段时间，其中一人用网络或手写信札，回忆一下两人在一起的种种幸福，另一个人一激动，一流泪，两人约在昔日约会的郊外小树林见个面，抱头痛哭一场，互诉衷肠一下，云雨一番三百回合，就又破镜重圆了。

但是，不要以为任何情况下，红色性格的前任一定就吃这套，须知，红色性格天性中还有一个特点，那就是，他们逃避痛苦。如果两人分手，你第一次跪下来用这样的方式感动对方，对方还有可能原谅你，但是，倘若你三番五次这样搞，红色性格的前任害怕再次受到伤害，也一定会跟黄色性格和蓝色性格一样把你给屏蔽掉的。

一位朋友跟我讲了让她惊魂未定的一段感情经历。她和对方是朋友介绍相识的，男人看起来文弱，他们相处不到一年，却因为受不了对方的 24 小时监控而提出分手，没想到，提出分手后，男人的情绪很激动，拿着把刀就冲到她家里，要求复合；如果不复合，就要拿刀割自己，吓得她报了警，连累家人和邻居也不得安生。其实，这个女人和男人都是红色性格，男人因为无法控制自己的情绪，而做出这样的举动，本意是想表示"你看我多么爱你，为了你连身体发肤都可不要"，而实际达到的效果是，让我这个朋友感到强烈的恐惧和不安，非常想逃离这段关系，从而彻底关闭了日后可能复合的大门。

这个故事的发生时间，是在举国皆知的"江歌事件"之后，我认识的这个朋友算得上是惊弓之鸟，心有余悸。在那个令人伤心的故事里，日本留学生陈世峰因要求与女友刘鑫复合不成而凶杀江歌，国人讨论的焦点，主要集中在好心人为了帮当事人惨死，而当事人却缩头乌龟置好友生死不顾的道德层面。少有人提到杀人凶手最原始的求恋人复合的动机，为何简单的男欢女爱都这么让人想不开呢？仍在痛苦中的朋友，请参阅本书中"写给被人抛弃的你：失恋后不同性格如何应对？"一文。

虽说，本文是教你怎样破镜重圆的，但我还是要说，爱的最高级的形态，就是我们必须去祝福我们所爱的人。如果你真的非常爱他，不管他和谁最终在一起，你都要祝他永远幸福。如果可以挽回，那样最好，但如果无法挽回，请选择放手，然后，踏踏实实去寻找属于你自己的幸福。

4

Chapter

和不同性格伴侣的相处秘诀

>>>

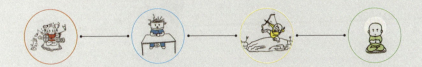

01.
和红色性格伴侣的相处秘诀

如果你的另一半是红色性格，他会带给你很多欢乐，也会给你带来很多麻烦。如何与红色性格的伴侣相处，乐嘉性格色彩学为你总结了八条秘籍：

1. 真诚表达自己的想法

很多人在恋爱初始，为了给彼此留下美好的印象，生怕哪个细节做得不够好，让对方心里扣分，总会刻意约束，避免真实的自己流露。直到大家确定了关系，尘埃落定，才开始放松下来，肆无忌惮地当面放屁，流着哈喇子睡觉。殊不知，红色性格天性看重人与人之间的真诚，世人所说的"挖心挖肺"多指红色性格。我在讲性格色彩课程的修炼部分时特别强调，红色性格须谨记"逢人只说三分话，不可全抛一片心"，这话的意思是提醒红色性格，不要对人不设防，一上来就让自己毫无退路，有可能会被害得很惨。

这恰恰说明了两件事情：

第一，红色性格骨子里其实是希望和人无设防地坦诚交流，他们心里最真实的想法是，"我已经把我自己的老底都掏出来给你了，我对你的真心苍天可鉴，难道你还不理解我对你的用心吗？难道你会伤害这样一个对你无比赤忱的人吗？如果都这样了，你还是会继续伤害我，那只能怪我瞎了眼睛，我也认了。"人们虽对"逢人只说三分话，不可全抛一片心"的建议觉得煞是有理，但除非历经磨难，备受伤害，很多时候，仍有不少红色性格还是会在同样的坑里反复摔跟头。对红色性格来讲，最难的地方是在"对人真诚"和"有适当的防备"之间做合理的平衡，尤其是在职场上商场上，兵不厌诈，更是如此。但奇怪的现象是，在恋爱的时候，红色性格的确倾向于向自己所爱的人坦诚，那是红色性格通往自己所向往的美好真挚的爱情的必经之路。

第二，对那些需要和红色性格相处的人而言，如果你和红色性格交往的时候，总是把自己的想法藏着掖着，这会让红色性格觉得和你有很强的距离感，而这对红色性格来讲并不好受。经常有红色性格跟我说，相亲认识后约会了好久，就是感觉无法走近对方，总是差了一些感觉。他们最后不了了之，就是这个原因。

美国浪漫喜剧片《我最好朋友的婚礼》中，朱莉娅·罗伯茨饰演的茱莉安面临一段三角关系。她和认识了九年的同学兼同事麦克一直保持忽近忽远的暧昧关系。忽然有一天，麦克告诉她，自己有了未婚妻，要结婚了。茱莉安一下子觉得麦克在自己心中无比重要，所以，想把他从未婚妻身边抢回来。麦克是位红色性格的男人，麦克的未婚妻金米也是红色性格。当茱莉安故意设计，让不会唱歌的金米在酒吧里被哄上台唱歌时，原本以为金米会当场出丑，没想到金米完全不顾自己会否丢脸，用五音不全的歌喉对着麦克表白了自己的真心。虽然把歌唱跑调了，但她流着眼泪的真诚深深打动了红色性格的麦克。茱莉安的苦心设计反而成全了金米和麦克的当众示爱，让两人的情感更进一步。

2. 认可对方最需要被认可的地方

两人感情好的时候，都把彼此当作梦中情人，相互间倾诉甜言蜜语，赞美对方的好，这些不需我提，乃人之常情。但红色性格尤其需要被认可,在这方面的心理需求远远超过另外三种性格。假如你红色性格伴侣的某方面非常突出,平时得到大家的认可很多,当你说他这方面好的时候,也许他并不觉得特别惊喜。但如果你能够发现他身上那些没被别人注意到的地方,你的这种认可就会给他一种久违的兴奋感,他会不禁惊叹,"哇,这个你也能发现啊,真好!"

著名才女张爱玲的主要性格是红色(红 + 黄)性格,她的第一段恋爱是和比她大 15 岁的胡兰成。彼时,张爱玲单身,胡兰成已婚。张爱玲出身显赫,乃李鸿章的曾外孙女;张爱玲之祖父张佩纶亦是清末名臣。胡兰成在追求年轻貌美有才的张爱玲时,正是用了性格色彩的"对红色性格的认可"之法。胡兰成在《今生今世》中写到,胡兰成和张爱玲见过两面后,写了封信给她,说她"谦逊"。这句赞美对张爱玲来说无比难得,因为她一向被大众认为清高、孤傲,除了胡兰成,没人说她"谦逊",所以,这句认可说到了她心里,她回复了一句话:"因为懂得,所以慈悲。"张爱玲给胡兰成倒茶时,腰身一侧,笑着看他,他立刻说:"啊,你这一下姿势真是艳!"她的这种不经意之间的小动作,都会被对方关注和认可,真是舒服,自此,两人的情感不断升温。

3. 做出色的"垃圾桶"

红色性格喜欢分享自己的喜怒哀乐,渴望从伴侣那里得到情感的慰藉。当红色性格快乐时,倾听他的积极是容易的;但当红色性格痛苦、纠结、失落、彷徨时，会向身边人倾倒大量的垃圾和消极情绪，无比负面，这时能陪在他身边不离不弃温柔包容的人，会赢得他深深的感激。当他从负面情绪中走出之后，必将回报以更强的爱。

　　一个"性格色彩初级卡牌师课程"的学员告诉我，他念大学时，因为自己没啥颜值，在恋爱问题上非常自卑。班上有个女生，花容月貌，热情开朗，跟男女同学都能打成一片，他在心里暗恋了三年。恰巧，在大学第四年，这个女生失恋了，喝醉了居然对他倾诉了一番，他也不知该如何开解，只是耐心倾听和温言安慰。之后，女生每每想起前段恋情的痛苦时，就找他倾诉，这对他自然也是正中下怀，虽然女生对他总是车轱辘话反复说来说去，但他的态度始终如一，老话当新语，听得如醉如痴，就这么给女生当了半年多的"心理咨询师"，女生发现自己爱上了他。现在他学了性格色彩，回头一想，原来那女生是红色性格，而他无意中给予了女生想要的，从一个"超级无敌垃圾桶"居然转为正牌男友。

4. 不断展示对方不知道的你的长处

　　红色性格容易被新鲜有意思的事吸引，也容易因为长期对着同一件事而产生厌倦。如果你不时有新的优点让对方发现，他对你的热情就会越来越强烈，而非渐渐衰减。当然，释放原有长处的同时，你也可以不断学习成长，让自己不断拥有新的吸引他的优点，这是与红色性格伴侣情感保鲜的秘籍。

在一次"跟乐嘉学演讲"课程上，一位复训的女学员分享，在没学习这课之前，她和红色性格老公的关系濒临冰点。老公多年来在外创业，颇具规模，眼界和审美都与当初结婚时有很大不同，而她结婚十年来，被关在家里，每日里相夫教子，闲时跟闺中友人逛街购物，接触到的圈子和资讯，除了八卦，毫无营养。因为缺少共同话题，每次老公一身疲惫回到家，她也只能跟他聊孩子，话题翻来覆去就是些琐碎的事情，老公听了总是不耐烦，拉下驴脸，两人莫名其妙，动不动就拌嘴吵架，最后，索性分房而睡。学完这个课程后，她认识了一帮天南海北的同学，有白手起家的上市公司老板，也有独自打拼、风度优雅的女强人，还有媒体、文艺、体育等三教九流五湖四海的同学，瞬间她的眼界丰富了，人脉也极大拓宽了。

课后，她瞒着老公没事就找个地方开讲座，和人分享性格色彩，不知不觉，苦练演讲，得到了不少听众的认可和赞美，直到自己觉得有把握了，才找了个机会，在老公公司的会议室为团队员工做了一次沙龙。结果，沙龙非常成功，让老公团队的员工惊叹不已。这么多年，大家感慨这是听得最开心最实用的一个讲座，没想到老板娘还有这样的功力，这事让老公对她刮目相看。因此契机，两人重新开始有了无数新的话题，老公时不时开始向她求教一些问题，交流越来越顺畅，日益离不开这个高参，最后，这个男人主动请缨搬回她的卧室。

5. 把握进退分寸，莫要一味纠缠

四种性格相对比，被外界诱惑而出轨的概率，红色性格相对而言，最高。我常收到些哭诉的邮件，不外乎是倾诉他们的伴侣被人勾走了，细细分析，被勾走的人中以红色性格居多。更有人说，她百思不得其解，摄走自己男人魂魄的人并不比自己年轻，长得亦不如自己，为何老公瞎了眼居然会移情别恋？其实，这源于红色性格的心理，对他们而言，"不确定"的恋情更有吸引力。

《聊斋志异》的《恒娘》中，讲述了一位奇女子恒娘。她家相公有个比她年轻貌美十倍的小妾，但却独宠她一人，对小妾弃如敝屣。邻居朱氏看了煞是美慕，便拜她为师，向她学习如何留住相公的心。恒娘教她，先放任他去和小妾一起，疏远他一段时间，故意蓬头垢面，让相公见她视若不见之后，某日，突然盛妆丽服，让相公弹眼落睛，惊为天人，当相公想要一亲芳泽时，故意拒绝，让相公心猿意马，觉得很难到手，再慢慢给他机会靠近。此法用了以后非常有效，从此，朱氏也完全打败了小妾，独占宠爱。恒娘总结说，此法名曰"易妻为妾"之法，对相公若即若离，让其觉得妻比妾更难得，更有新鲜感，便可抓住心理需求。

6. 充当红色性格情绪的灭火器

和红色性格的恋人一起生活，冲突争执在所难免。因为多数情况下，两人不可能来自完全一样的家庭背景和成长环境，也不可能在任何事上都能达成一致。红色性格感性，容易把一时的分歧和不愉快感受放大，从而演变成冲突。红色性格的婚恋走到分手或离婚，"情绪"起到了最推波助澜的作用，但起因，都是因为红色性格最在意的那个点，受到了刺激。红色性格需要伴侣关注自己，当得不到满足的时候，便会情绪化，而当情绪化愈演愈烈时，感情便向破裂边缘滑去。所以，作为伴侣，如果能及时应对，避免红色性格的情绪化伤害到彼此，善莫大焉。

一位"性格色彩中级卡牌师课程"学员，利用课上教的"钻石法则"处理与红色性格女友关系，变得得心应手。

原先他女友非常容易生气，每当他答应了陪女友出去旅行，临时有工作安排去不了，或过节忘记给女友买礼物时，女友都会发很大的脾气，边哭边说："你不爱我了！你就是不爱我了才会这样！"无论他怎么解释和道歉，女友就是不听。学完后，他才发现，原先他对女友的解释和道歉都是以讲理的方式，比如："对不起，但我真的很忙，最近公司要上一个新项目，你也知道我的事业正在一个转折点，我的注意力都被工作占据了，很容易忘记事情……"可惜，他不知，对红色性格的女友讲道理，越讲，她的心越凉，越讲，她越觉得你不在乎她。所以，学完后，他换了种方式，不是讲道理，而是传递感受。

当女友又一次抱怨他不爱她，边哭边喊时，他直接过去，抱住女友。女友先愣了一下，然后边挣扎边哭。他索性用力把女友抱了起来，女友越挣扎，他抱得越紧，并在女友耳边安慰说："不哭不哭！"这种把女友当小孩一样哄的做法，迅速见效。女友不再挣扎，哭声也变得温柔和小声，她轻声说："快把我放下来，没事抱来抱去，像什么样子呀？"于是，他顺势把女友放在床上，自己也坐在女友身边，搂着她，温柔地和她聊天，不一会儿，女友的心情就无比愉快了。

须知，对红色性格，当"少讲理，多讲情。"

7. 给红色性格充分的信任和自由

"爱情就像一把沙，抓得越紧，流失越快"，这鸡汤未必放之四海皆准，但对于红色性格完全成立。因为红色性格喜欢自由，如被紧紧绑住，或感到自己受到监视，就会产生强烈反感。很多人因为不了解这点，试图用婚约、用父母、用孩子来绑住红色性格的伴侣，却刺激了红色性格的逆反心理，你越是追，我越是逃，在这点上，可参考性格色彩情感三部曲的另一本《写给单身的你》，其中有一节"写给不会追求的你——怎么追，他才不逃"，当中对此问题做了详细阐述。也就是说，对待红色伴侣，不要总想牢牢地抓住他，相反，假如你给他更多的信任和自由，他反会主动留在你的身边，因为这就是他想要的关系。

一个红色性格朋友私下告诉我，当年，他曾在两个女孩间犹豫徘徊，不确定要娶哪个。其中一个女孩，家世很好，长得漂亮，爱他炽热，唯一的问题是独占欲太强，一旦发现他的眼睛在其他异性身上有任何停留，就立刻翻脸，需要他费九牛二虎之力去哄，才能哄好。另一个女孩家世平凡，容貌清秀，说不上漂亮，但优势在于性格温柔，这女孩从来不问他除了自己之外还有没有其他喜欢的人，也从不会要求他陪在自己身边。当时，这女孩得了一个麻烦的病，三天两头要去医院，但她一直对这个男人说："你不用陪我，去忙自己的事情吧，我自己一个人可以的。"但她越这么说，这个男人越觉得自己该陪着她。

最后，红色性格的男人做了个决定，他分别告诉了这两个女孩，自己除了她之外还有一个喜欢的人，不知道该如何选择，想看看两人的反应。富家女孩斩钉截铁地说："你要什么我都可以给你，我就是想和你在一起。但你如果选择了我，绝不可再有半点异心，必须时刻跟我在一起！否则，割你卵，取你命，咱俩同归于尽，哼哼。"平凡的女孩则说："你想选谁就选谁，只要你自己开心就好。即便你选了我，你也依然拥有自由。只要在一起的时候，彼此真心就够了，谁也没权利要绑住谁一辈子。"他听完两人的回答后，二话没说，选择了平凡的女孩，直到现在，两人依旧幸福。

至于此中如何处理一个打算与之分手的狂热伴侣的情绪，非本书探讨之范畴，静待"性格色彩情感三部曲"之三——《写给婚姻的你》。

8.不要翻旧账

所谓"翻旧账"，就是把对方以前犯的错误、做的傻事、对不住你的地方，拿出来重新絮叨一遍。其实，无论对方是什么性格，翻旧账，都是蠢中之蠢。只是对红色性格而言，尤不能忍！在情感关系中，一方之所以翻旧账，多半是想以此来压低对方，抬高自己，期待对方能服软、再次认错，但对红色性格而言，这招不但无效，反而有反作用。对红色性格曾犯的错误，最好只字不提，只看红色性格今朝的好，不去念叨曾经的坏，这样他会把愧疚埋在内心，越发加倍对你好。

我家长辈里有对模范夫妻，年过六十，恩爱似新婚。双方都是红色性格，到现在，还喜欢一起拉手出去旅游，看到什么就相互分享，好生快活。我问他们，为什么可如此甜蜜，他们说了个小秘诀。原来，两人刚结婚时，就约定好，但凡吵架绝不隔夜，当晚就把心里想说的话都说出来，彼此解释清楚后，踏踏实实地睡觉。过了当天，无论谁对谁错，两人都绝口不提，如有人违反此约定，不小心提起了旧事，就接受惩罚——洗碗三次。正因为他们及时沟通，并且事过绝不再提，两人心里没有解不开的疙瘩，就算常为了小事吵闹，也是吵过就算，依旧欢喜。

以上八点，都是对红色伴侣的"钻石法则"，但这对于真正全面的性格色彩"钻石法则"而言，这只是九牛一毛。性格色彩学的绝妙需通过"亲身体验、灵活运用"，这八字妙谛才能真正领会。

271

02.
和蓝色性格伴侣的相处秘诀

如果你的伴侣是蓝色性格，他会默默守护在你身边，但请你千万不要忽视了他内心的声音，否则，你必将为此付出代价。

如何与蓝色性格伴侣相处，乐嘉性格色彩学通过以下八条秘籍为你抛砖引玉：

❶ 体会蓝色
性格未曾说出
的想法

❷ 从行为
判断蓝色
性格的喜好

❸ 认真回答
蓝色性格
的问题

❹ 答应蓝色
性格的事情
一定要做到

❺ 交流时
要会
调节气氛

❻ 陪伴蓝色
性格度过
情绪的低潮

❼ 让蓝色性格
看到外面的
世界很精彩

❽ 用积极向上
的快乐能量
感染他

1. 体会蓝色性格未曾说出的想法

这招看起来玄虚，却最能让蓝色性格感动。蓝色性格天性谨慎，说话前会再三思量，很多想法绝不会用言语来表达，即便说出，也是半含半吐，有所保留。如果你能体会到他内心的想法，满足他对于精神默契的渴望，他会视你为毕生知己，情根深种。

比如《红楼梦》中关于红色性格的贾宝玉和蓝色性格的林黛玉之间的爱情。林黛玉至死都深爱着贾宝玉，除了两人一见钟情的眼缘外，让他们一往情深的重要因素是两人有精神上的默契和共鸣。贾宝玉不喜读书，讨厌官场，无心仕途，对这点，宝钗、湘云、袭人都劝过他，她们共同的立场是，读圣贤书是进仕之阶，不管你喜不喜欢，为了做官，还是该去做。一次，湘云劝他出去与官场中人应酬，彼此交流下仕途经济，他立刻翻脸，要湘云不要待在他的屋子里，去其他地方，让湘云很尴尬。袭人说，之前宝钗劝宝玉时，也被宝玉给了脸色，还好宝钗有涵养，要是黛玉的话，肯定要恼气。这时宝玉说："林姑娘从来说过这些混帐话不曾？若他说过这些混帐话，我早和他生分了。"恰巧黛玉来找宝玉，听到了宝玉的话，又是惊讶，又是感动。

原著中说，"黛玉听了这话，不觉又喜又惊，又悲又叹。所喜者，果然自己眼力不错，素日认他是个知己，果然是个知己；所惊者，他在人前一片私心称扬于我，其亲热厚密，竟不避嫌疑；所叹者，你既为我之知己，自然我亦可为你之知己矣，既你我为知己，则又何必有金玉之论哉；既有金玉之论，亦该你我有之，而又何必来一宝钗哉！所悲者，父母早逝，虽有铭心刻骨之言，无人为我主张；况近日每觉神思恍惚，病已渐成，医者更云：'气弱血亏，恐致劳怯之症。'你我虽为知己，但恐不能久待；你纵为我知己，奈我薄命何。"对蓝色性格的林黛玉而言，在不走仕途这件事上，她和宝玉的想法是一样的，但两人从未讨论过这件事，而宝玉能明白她没有说出口的想法，这就是她想要的那种"你不说，我啥都知道；我不说，你啥都知道"的非常高级的"默契"。

2. 从行为判断蓝色性格的喜好

很多人跟我抱怨说自己蓝色性格的伴侣异常难懂，问他想去哪儿？想吃啥？总没个直接明确的答复。有时，蓝色性格的那人居然扔下一句话："你跟我在一起这么多年，我喜欢什么难道你不知道吗？"此话一出就搞得他们更蒙了。其实，若短时间内无法进入蓝色性格内心，你能做到的，就是多观察他，留心他的一举一动，从他的行为去判断他喜欢什么，不喜欢什么，只要有心，这点还是可以做到的。

一位红色性格的性格色彩讲师告诉我，她和蓝色性格老公结婚多年，直到她开始学习和研究性格色彩，才真正读懂了老公。

有一次，单位里发了一篮鸡蛋，这位红色讲师不爱吃鸡蛋，但也不想浪费，所以就带回了家。她想，既然鸡蛋足有 30 个，索性卤起来，可吃得久一点。于是，拿红糖和酱油卤了满满一锅，放进冰箱，然后就去出差了。一周后回来，鸡蛋不见了。她问女儿吃了几个，女儿说吃了两个。她一算，还剩 28 个，不可能都是老公吃了，就问老公："鸡蛋哪儿去了？"老公看着她不说话。她再三追问，就是不说话。逼到最后，老公说："吃了。"她大惊失色："28 个鸡蛋，你一个人全吃了？你这么爱吃鸡蛋，我怎么不知道？"老公说："你还记得刚结婚那年，我们一起从老家坐火车回上海，上车前，你姐送了我们一饭盒茶叶蛋吗？"她说："记得呀，怎么了？"老公说："那些茶叶蛋哪儿去了？你还记得吗？"她想了半天，死活想不起来，她记得当时姐姐是送了茶叶蛋，因为她自己不爱吃，所以一上火车就随手一放，后来下火车，也没注意，现在回想起来，那些蛋好像是不见了。瞬间，她恍然大悟，结婚这么多年，其实老公一直很爱吃鸡蛋，只是自己不知道。

如果没学习过性格色彩，她一定会埋怨老公："你爱吃蛋，为什么不说呢？你不说我怎么知道呢？"但现在，她唯有不好意思，怎么早没发现呢？从那以后，在她的大力宣传下，她的亲朋好友都知道她老公爱吃鸡蛋，一有机会，纷纷送蛋上门，打那以后，她也开始学会更细心地关注蓝色性格老公的喜好。

3. 认真回答蓝色性格的问题

"世界上怕就怕认真二字"，这话，是为蓝色性格发明的。蓝色性格认真，自然也容易较真。如果不理解他，你会认为他太苛刻，总抓你的小辫子不放；如果你理解他，会明白，他只是性格如此罢了。所以，面对蓝色性格的伴侣，不敷衍、不夸张，认真回答他的问题，你就能给他踏实和放心的良好感觉。

　　一位蓝色性格学员告诉我，她和红色性格老公为了周末去哪儿吃饭发生了一个小插曲。他们通常的习惯是，每到周末，必有一天开车出去吃，故此，家附近的餐馆几乎都已经吃遍了，有的还吃过好几次。有一天早上起来，她问老公："今天你想去哪儿吃饭？"老公说："随便。你想去哪儿吃？"她说："我也随便。你选一个吧？"老公说："那就去某某餐厅吧。"

　　她听到这话，心里就咯噔一下。她问老公："你是想吃那家餐厅的什么菜吗？"老公说："没有呀。"她说："那你为什么想去那家餐厅？"老公说："不是随便吗？"她说："随便也要有理由的呀。"老公说："随便就是随便，随便选一个不就好了？"她说："那你不是敷衍我吗？"老公说："你这人怎么这么麻烦！"这下好了，两人没出去吃饭，心里都觉得很不舒服。

　　蓝色性格认为，即使你是随便选一个，也是从符合以下条件：菜好吃、周末人少、停车方便的餐馆中选一个，而老公提议的那家餐馆，周末人山人海，停车不方便。更重要的是，两个月前他们一起去吃过，两人曾达成过那里的菜不好吃的共识，所以，她无法理解为什么老公要选择这家，只能理解，是不是老公突然想吃这家餐馆里面的某道菜了？结果老公居然说不是。因为老公红色性格特点中的"随意"，也就是做事不经思考，对蓝色性格而言，他们会理解为，你这根本不是"随便"，你根本就是在"敷衍"我嘛！

 ## 4. 答应蓝色性格的事情一定要做到

蓝色性格特别重视承诺，如果他答应你的事情，他一定会做到，可如果你答应他的事情，也请你务必要做到。不要认为有些事是小事，没啥后果，对蓝色性格而言，如果你答应他没有做到，就代表你是一个不重承诺、说话不可信的人，而这个阴影一旦形成，很难轻易抹去，你需要花出比原来多百倍的力量和时间才有可能挽回。

一个绿色性格的好友，老妈是红+黄性格的女强人，在医院工作，干起事来风风火火；老爸是蓝色性格，沉稳细腻，在家里向来是老爸照顾老妈，对家务事老爸比老妈清楚得多。现在，两人年近六十，老妈还没退，干劲十足，老爸却因身体不好，在家养病。老妈给老爸介绍了自己医院的医生，开了中药。因为家里没人有时间煎药，所以选择由医院代煎，需要每天去医院取一次药。老爸交代老妈，每天下班时顺便帮他取药。开始几天，老妈每天都记得取药，而且，下班途中还会特意买些对老爸身体有益的水果回来。但过了几天，老妈一忙，就把取药的事情忘了，有好几次，都是回家后，一拍大腿："哎呀！忘了拿药！"一看时间，中药房已经关门了，只能第二天一早去医院取药，再托人赶快送回。这样一耽搁，老爸当晚临睡前就不能服药了，第二天早起后服药，也不能按固定时间来喝。

对蓝色性格而言，不能按规定时间服药，无比痛苦，这不仅破坏了蓝色性格最看重的计划和规则不说，还会引发他对后果无限的担忧。绿色性格女儿毕竟学过性格色彩，看到红＋黄性格老妈没关注到老爸的感受，只好悄悄跟老妈提了一下。最后，老妈跟老爸道了歉，把取药的任务交给了女儿，由女儿每天下班后去趟医院取药。事情算是解决了，但老爸心里的阴影并没过去，老妈和女儿轮流陪伴，照顾了老爸几个月，好不容易，才把他紧锁的眉头疏散了。

5. 交流时要会调节气氛

在不同性格婚姻搭配中，蓝色性格与红色性格结合的比例极高。关于这个现象，在未来《你们的性格合不合》这本书中，我会仔细分析不同性格的搭配规律，阐述为何红色性格和蓝色性格结合的概率极高，如果急于学习的朋友，可以在"乐嘉"微信公众号中，下载"婚恋宝典"微课，这里篇幅所限，透露一二。

我曾采访过一些蓝色性格，他们告诉我，红色性格的伴侣善于表达、调动活跃气氛是他们所欣赏的，因为蓝色性格天性过于拘束严谨，容易把气氛搞得严肃紧张，沉闷压抑，大家找不到话，这时，如果身边有个善于打开话题的红色性格话痨，调侃活跃，对蓝色性格来讲，那真是绝佳的互补。

武侠小说中，如果把刻骨铭心的爱情进行排名，《神雕侠侣》中红＋黄性格的杨过和蓝色性格的小龙女必能位列前茅。而这段爱情的最初，是杨过少时被打后逃入小龙女的古墓，被小龙女的侍女孙婆婆所救。孙婆婆为救杨过而死，临死前托付小龙女照顾杨过，于是二人孤男寡女，住在古墓中。开始，小龙女面无表情，把杨过当小孩，严格管教，但杨过十分会聊天，说说笑笑，让古墓里热闹起来。小龙女发现杨过不听话，拿扫帚打他，"他却说：'你虽打我，心里却怜惜我。越打越轻，生怕我疼了。'小龙女被他说中心事，脸上微微一红，骂道：'呸，谁怜惜你了，下次你不听话，我下手就再重些。'杨过听她语气温和，嬉皮笑脸地道：'你打得再重，我也喜欢。'小龙女啐道：'贱骨头，你一日不挨打，只怕睡不着觉。'杨过道：'那要瞧是谁打我。要是爱我的人打我，我一点也不恼，只怕还高兴呢。她打我，是为我好。有的人心里恨我，只要他骂我一句，瞪我一眼，待我长大了，要一个个去找他算帐。'小龙女道：'你倒说说看，哪些人恨你，哪些人爱你。'杨过道：'这个我心里记得清清楚楚。恨我的人不必提啦，多得数不清。爱我的有我死了的妈妈，我的义父，郭靖伯伯，还有孙婆婆和你。'"你瞧，杨过多会说话，虽然蓝色性格的小龙女一本正经、保持距离，但杨过还是把她和自己的妈妈、义父、伯伯拉在一起，看成自己的亲人一样，边开玩笑边让两人的关系亲近了不少。

6.陪伴蓝色性格度过情绪的低潮期

蓝色性格敏感而细腻，遇事时，不像红色性格那样喜欢倾诉，在外人面前可以做到滴水不漏，在亲人和爱人面前，他更希望能静静沉淀自己的心绪，以此舒缓自己。作为蓝色性格的伴侣，如果他需要，你可以陪他分析事态，提供参考意见，如果他不需要，你只要静静陪伴就够了。

我的一位蓝色性格的企业客户，曾经历一次婚姻，离婚多年后，选择了一位绿色性格的姑娘作为伴侣。因为他本身各方面条件在婚恋市场属炙手可热，所以，我很好奇地问他，为啥万花丛中选了这点绿呢。他说，最让他心折的，就是每当他心情不好时，这位绿色性格的女子既不远离，也不强迫他说话，只是静静守候，做些自己的事情。当他需要的时候，看一眼绿色，绿色就会靠过来，跟他说会儿话；当他想要自己静一静的时候，绿色就回到另一边，继续做自己的事。这种状态，完全应景了仓央嘉措的著名情诗《见与不见》："你见，或者不见我，我就在那里，不悲不喜；你念，或者不念我，情就在那里，不来不去；你爱，或者不爱我，爱就在那里，不增不减；你跟，或者不跟我，我的手就在你的手里，不舍不弃。"对绿色性格来说，这不过是她随手为之天性中平和包容的一面而已，但对蓝色性格而言，这便是那"无声胜有声"的至高境界。

7. 让蓝色性格看到外面的世界很精彩

蓝色性格的内心世界相对封闭，如果把人的心灵比作一扇门，那么红色性格的心门是四方敞开的，蓝色性格的心门则为虚掩，最多只留一条缝，等待有缘人推门而入。对外面的世界，蓝色性格也有探索的欲望，但也会担心遇到风险，这时，作为伴侣，如果你能告诉蓝色性格很多外面发生的事情，让他获取资讯的同时，得到精神的享受，蓝色性格会更容易被你所吸引。

《一个陌生女人的来信》中，蓝色性格的女人用一生默默地爱着一位作家，直到临死之前才写信告诉他。这份深情如何而来？其实最初的爱，就是因为蓝色性格的女人和作家是邻居，作家还没搬到她家对面之前，她看到运过来的雕塑、绘画、书，还有作家的那位待人彬彬有礼的管家，就对作家产生了很多推测和联想，把他和外面的那些她所没有见过的美好事物联系在了一起。她写给作家的信中说："你从一开始就对我这个生性腼腆、胆怯羞涩的女孩子具有这样巨大的力量。你自己还没有进入我的生活，你的身边就出现了一个光圈，一种富有、奇特、神秘的氛围……有一天下午，我放学回家，看见搬运车停在楼前，这时我心里对你的好奇心大大地增长起来。大部分家具，凡是笨重的大件，搬运夫早已把它们抬上楼去了；还有一些零星小件正在往上拿。我站在门口，惊奇地望着一切，因为你所有的东西都很奇特，都是那么别致，我从来也没有见过。有印度的佛像，意大利的雕刻，色彩鲜艳刺目的油画，末了又搬来好些书，好看极了，我从来没想到过，书会这么好看。"对这位蓝色性格的女孩而言，作家代表着外面的世界，而且是一种精神世界的享受——雕塑、绘画、书……所以当作家本人出现的时候，只是对着她亲切地微笑，用眼神关注着她，就让她芳心暗许如小鹿乱撞了。

🔑 8. 用积极向上的快乐能量感染他

蓝色性格的日常生活和工作极其有规律，而且他们会严格按照计划有条不紊地进行。他们的性格常态是悲观、思考、严肃，这倒不是说，蓝色性格一定会每天长吁短叹，以泪洗面，如果是那样的话，未免描述得太夸张和戏剧化了。事实上，可能你并不会觉得蓝色性格在人群中有什么特别之处，但蓝色性格的确很容易陷入负面思维，在往事中沉溺的时间漫长，从这个意义上来说，积极快乐的红色性格，当然对蓝色性格有莫大的吸引。

玄幻剧《花千骨》里蓝色性格的白子画冷若冰霜，很容易遭人误解，幸好红色性格的花千骨活泼热情，从刚开始见面被白子画搭救后，就要求白子画留下来陪她过生日，还主动给白子画做桃花羹，正是她的主动热情拨动了白子画的心，虽然白子画表面不苟言笑，但内心已然动情。好比《红楼梦》里，红色性格的贾宝玉第一次见到蓝色性格的林黛玉，便说"这个妹妹我曾见过的。"缠着黛玉问了很多问题："妹妹可曾读书?""妹妹尊名?""可有玉没有?"不停地没话找话。蓝色性格的黛玉只是对方问什么便答什么，看起来比较冷漠，其实心里也对宝玉留下了深刻的印象。宝玉有好吃的好玩的都会留给黛玉，每次宝玉不小心说错了话，黛玉就回到自己的住处生闷气，每次都是宝玉上门赔罪。红色性格的热情最终能把蓝色性格外表的冷淡融化，因为蓝色性格内在的情感非常丰富，但需要红色性格的热情帮他们从不善言辞的冷漠的负面情绪中走出。

影片《音乐之声》中，亦是如此。军人生涯和亡妻的悲伤使蓝色性格的男主角管孩子像管士兵一样严格，孩子们得不到父爱，总是以捉弄家庭教师来吸引父亲的注意。新教师修女玛利亚是典型的红色性格，天性爱自由，不受繁文缛节约束，上校要求玛丽亚也像他一样严格，但玛丽亚却用她天生的温柔和善良赢得了孩子们的好感。趁上校不在，她用窗帘给每个孩子缝了游戏服，带孩子们在阿尔卑斯山野餐，还教会他们唱歌，孩子们原有的拘谨和忧郁被音乐和笑声取代。起初，上校对玛丽亚的做法十分不满，可当他听到孩子们为男爵夫人唱的歌时，被深深感动，因为玛丽亚把从他妻子死后家里就不再有的音乐又带了回来。在红色性格的热情感召下，本性酷爱音乐的上校终于打开了心扉，改变了对孩子们的教育方式，后娶玛利亚为妻，让音乐和欢笑重回家庭。

蓝色性格的情感爆发、内在的激情、生命的快乐，都需要一个引子，没有这个引子，就始终埋在内心，无法引爆。和绿色性格的差别是，即便有了引子，绿色性格还是需要持续不断的推动，因为绿色性格内心并没有足够的自燃体。然而，蓝色性格不同，他们能量本已俱足，只是他们自己不具备主动表达和奔向阳光的能力，他们内心乐意见到那些愿意主动表达的人，不如此，达不到他们要去的地方。

以上八条，是对蓝色性格在情感中相处法则的初级运用，和真正的"钻石法则"相比，只是凤毛麟角。如果你能深刻地掌握蓝色性格的动机，就会发现还有无穷无尽的方法可以总结，并根据不同情况加以运用。

03.
和黄色性格伴侣的相处秘诀

李夫人病重，汉武帝亲自探望她

　　如果你的另一半是黄色性格，他会给予你强有力的臂膀和坚实的依靠，但也有可能会让你压力山大。如何与黄色性格的伴侣相处，乐嘉性格色彩学为你总结了八条秘籍：

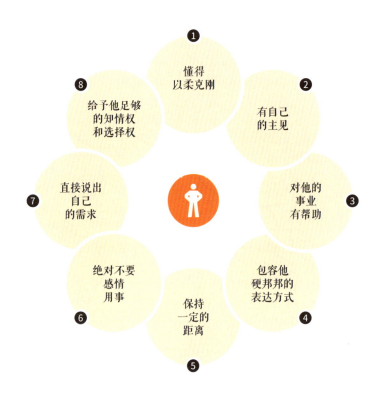

1. 懂得以柔克刚

　　无论在工作还是生活中，对那些和自己对着干的人，黄色性格的对抗性是四种性格中最强烈的。作为黄色性格的伴侣，不论你有多少吸引黄色性格的优点，都不要和他对着干。即便他的意见是错的，直接的反驳，只会激起他的反击，最好的做法是用迂回的方式提醒他，用你的温柔打动他。

　　《甄嬛传》讲述了甄嬛从选秀入宫到成为皇太后的整个历程故事。在皇宫中，所有女子都想争得皇帝的宠爱，起初，甄嬛只想拥有属于自己的爱情。皇帝是黄色性格，最开始被甄嬛的才情和美貌吸引，非常宠爱她，但因为甄嬛性子刚烈，过于真诚直白，顶撞了皇帝，导致两人情感出现裂痕。甄嬛自请出宫，带发修行。经历了许多之后，甄嬛决定重返宫中，这一次，她知道了对皇帝这样的男人，应该用婉约柔软的手法，而皇帝发现甄嬛终于学会了示弱，学会了顺从，龙心大悦，比之前更加宠爱她，最终，让她登上了皇太后之位。

　　而在同一部剧中，反面教材非华妃莫属。她本拥有冠绝六宫的美貌，其兄乃朝中重臣，皇帝也很喜欢她泼辣随性的性格。可惜她恃宠而骄，处处顶撞皇后，在后宫为所欲为，损害了皇帝的威严，黄色性格的皇帝表面上不发作，但暗地里赐给她一种香料——欢宜香，让她无法生育，以免将来母凭子贵。后来其兄谋反，她在后宫曾经之所为也一一败露，皇帝再没留她的理由，将其赐死。

🔑 2. 有自己的主见

黄色性格在工作中欣赏那些不受他人意见左右的人，因他自身也是如此，如果你和他意见不同，只要不损伤他的尊严，不跟他发生直接正面冲突，他很愿意和你探讨，最终，谁的想法更有利于达成目标，就用谁的。但如果你人云亦云，听风就是雨，在外面听到一些闲话，回到家里来折腾，黄色性格会从内心里痛恨你。

　　一位学员告诉我，她有一位闺密 S，堪称奇女子，凡事特立独行，不在乎别人怎么想。

　　S 嫁给了比她大十几岁的黄色性格的老公。据说，当年黄色性格的男人事业有成，开着豪车，住着豪宅，就缺一个媳妇，于是他把自己对女朋友的外貌的标准写下来——身高 1 米 68 至 1 米 75，皮肤白皙，五官端正，然后雇人在北京几所重点大学门口蹲点，看到符合条件的女生就拦住，问她有没有男朋友，要不要认识一个优秀的异性。就这样，S 成了候选人之一，并最终脱颖而出，与黄色性格的男人恋爱并结婚了。按照一般人的认识，这种相识的方式有点皇帝选美的味道，功利心强，听上去让人不舒服，但 S 丝毫不介意，并且引以为傲，经常讲给自己的朋友听。

　　S 的闺密们听到这个故事后，纷纷咋舌。有的说："要是换作我，肯定会觉得对方不是好人，哪有用这种方式找对象的，肯定是骗子！"还有的说："这也太大男子主义了吧，选女朋友没这么选的，好像土豪选秀！恶心至极！我断然接受不了！"S 听到这些说法后也不去辩驳，只是一笑而过。事实上，不管两人是如何开始相恋的，最后，她顺利地嫁给了黄色性格的老公，生了娃，两人过得异常幸福。黄色性格的男人说，其实，当初他雇的人在大学校园门口拦住很多符合他外表要求的女生，但接受这种"相亲"方式的女生寥寥无几，他选择 S 作为女朋友，就是欣赏她这种有自己的主见和判断、不受其他人左右的性格特点。

3. 对伴侣的事业有帮助

但凡有自己工作的黄色性格，对事业都无比看重。从性格角度解读，黄色性格的成就感，多半得在事业上来体现。所以，只要是黄色性格，无论男女，如果伴侣能对他的事业有帮助，自然在情感上，也会更加亲近。

一位学员做了十几年空姐，后来嫁给了一位事业有成的黄色性格的男人，在家做全职主妇。

因为她深爱老公，故此努力贤惠，花了很多时间和心思打理家务，希望博得老公的赞许。但老公似乎并不在意。当老公带她出去应酬客户时，她完全听不懂老公和客户在聊什么，为避免尴尬，也为了表现自己是个贤妻良母，她总是替客户端茶倒水，本以为这样热情可以让客户喜欢她，也会让老公满意，没想到回到家里，老公扔下一句话："你怎么像个服务员一样！"让她感到万分沮丧。

当她学完性格色彩后，理解了老公是黄色性格，最需要的不是她把被子叠得多么整齐，或做一个漂亮的花瓶兼跟班，如果她能帮助老公的事业，才是老公心目中真正的贤内助。所以，她不再花时间把家里收拾得精致美观，而是努力学习来充实自己。通过学习性格色彩，她掌握了看人识人的功力，平时与老公聊天，不再聊一些家长里短、婆婆妈妈，而是帮老公分析客户性格，给老公支招。

老公发现她看人很厉害，于是频繁地带着她出去应酬，每到一个局上，老公就会主动介绍："我老婆懂心理学，是性格分析的高手。"然后大家都会肃然起敬地看着她，她再从容不迫地分享性格色彩，客户们听了都很感兴趣，纷纷找她咨询个人问题。因为有她，老公和客户的关系变得更近了，客户也更加信任他们了。黄色性格的老公发现老婆能帮到自己，嘴上虽然不说，心里其实十分欢喜，两人关系自然变得更加亲近了。

4. 包容他硬邦邦的表达方式

黄色性格说话有时比较硬，尤其对亲近的人。除非为了某种目的，否则，在自然放松的状态下，他们不喜欢说甜言蜜语，这使得他们的示爱不太像示爱，更像在谈一个冷冰冰的事实。黄色性格的爱，与"柔软"二字毫不搭界，如果你能从他硬邦邦的表达中感受到他的心意，就会感到很幸福。

一位学员告诉我，幸好学习了性格色彩，不然他可能早就和黄色性格女友分手了。原因是，黄色性格女友讲话经常不给他面子，不关注他的感受。比如，天气很热时，空调出来的冷气不足，他摆弄了半天空调，却还是没有找到窍门。黄色女友走过来，两下就弄好了，还扔下一句话："你怎么连这都不会弄？"他当时笑了笑，没作声，两人继续去做其他的事。对女友而言，这事过去了，但他却内心很受伤，感到自己作为男人被女友看不起。

两人一起看电影，当时有一部催人泪下的电影——巩俐演的《归来》。虽然他是男儿身，却也忍不住掉下眼泪。正当他在乌漆墨黑的电影院里，掏出纸巾，试图将眼泪悄悄地抹去时，却看见女友用不解的眼神瞅着他："这又不是真的，有什么好哭的？"这句话又一次刺伤了他。总而言之，类似的事不时发生，这种硬邦邦直接的表达让他感觉女友不近人情，不懂他。幸好，学完性格色彩他知道这是黄色性格本能的表达方式，从此他学会了理解，再之后，即便女友说话硬，但从女友为他做的事情中，他还是能够感受到女友对他的付出和爱。

5. 保持一定的距离

俗话说，"距离产生美。"对黄色性格来说，距离，意味着独立性，也意味着还有可以去继续征服的空间。黄色性格有能量可以去支撑伴侣，但并不意味着他们喜欢伴侣像丝萝依乔木一样完全地缠绕在自己身上。这其实也是个度的问题，完全远离，会让黄色性格感觉在这段关系中没有存在感和价值感；完全依附，会让黄色性格感到不耐烦。在我的观察中，相当多的黄色性格，无论男女，对在公众场合搂搂抱抱的亲昵举动，心存反感，而喜欢这样做的，多半是红色性格。

以我自己为例，早年我和一个黄色性格的女生恋爱，每次街头走路，我把手搭在她的肩膀上，她的第一反应就是把我的手给拨开，面露愠色，义正言辞地告诉我，"在外面，这样难看"，这事让我相当不爽。在一段漫长的岁月里，我都不知道这有什么难看，这该是多幸福的事啊。

汉武帝年幼时喜欢表姐陈阿娇，小小年纪说出豪言壮语："若以阿娇为妇，当筑金屋贮之。"这就是金屋藏娇的由来。但当他真的长大即位为帝，封阿娇为皇后之后，却因为阿娇善妒而厌弃了她。阿娇的"善妒"，其实就是分寸感和距离感没把握好的体现，整颗心扑在汉武帝身上，看不到他就哭哭啼啼、怀疑他变心，容不下他有其他宠爱的妃子，这种独占欲让人窒息。所以，汉武帝废了阿娇。汉武帝一生宠爱过很多妃子，但最爱的还是李夫人。后来，李夫人病重，汉武帝亲自探望她，李夫人蒙着被子，不肯让汉武帝看到自己憔悴的容颜，不管汉武帝怎么要求，甚至许诺给她千金，授予她的兄弟官职，她还是不肯让汉武帝看她的脸。虽然当时汉武帝很失望，但李夫人死了以后，他最怀念的就是李夫人，因为李夫人给他留下了一个悬念，一个未能完成的心愿，对黄色性格而言，得到了就得到了，得不到的反会一直记挂。

6. 绝对不要感情用事

虽然黄色性格没有多愁善感的神经，但他也能欣赏热情甚至情感丰富的人，只是一旦遇事，如果伴侣太感情用事，就会和黄色性格发生较大的冲突，因为黄色性格把事情放在第一位，并且优先考虑结果，而不那么关注过程。这种感性与理性之间的冲突，本身就会磨损和伤害彼此的情感。

一位黄色性格的学员告诉我，她很难接受老公的感情用事。起因是，黄色性格的她在外地工作了一段时间之后回到家，发现正在上高一的儿子染上了"网瘾"，每天晚上都要玩到凌晨三四点。在黄色性格看来，这事处理很简单，所以她直接跟儿子说："晚上 12 点之前，必须睡觉，如果你做不到，就搬出去，不要住在家里了。"每天晚上 12 点，黄色性格准时把儿子房里的电断掉，不管儿子如何愤怒或哀求，全都置之不理。但过了几天之后，她发现儿子还是有两个大大的黑眼圈没褪去。经过侦察她才发现，原来她红色性格的老公觉得儿子可怜，架不住儿子不断地苦求，心软了，每天夜里，等她睡着了，悄悄地把儿子房里的电恢复了。当她得知这个情况后，瞬间心灰意冷，觉得这个男人太没用了，不仅拖自己的后腿，还完全无视孩子的健康和未来，产生了强烈的要离婚的念头。

其实，在这个问题上，夫妻双方先达成一致，再以统一的口径和做法来对待儿子，才能更好地帮助儿子控制好网瘾。而她自己黄色性格，也需要尊重老公的意见，和老公商量；作为红色性格的老公，也需要克服自己的感情用事，从"怎么做才能对儿子更好"出发，来和老婆商量出一个最佳方案，并且配合老婆执行。

🔑 7. 直接说出自己的需求

很多时候，有的人不敢直接说出自己的需求，是害怕被拒绝，但要知道黄色性格根本不会猜心的，他自己要什么，就会直接说，所以，也希望你想要什么就说，他能给自然会给，如果给不了，也会直接拒绝。但如果你不说，黄色很有可能认为你不需要，而你还在那里独自痛苦，他却浑然无感。

一位红色性格的学员无比悲催地告诉我，她男友是黄色性格，她常恍惚之中觉得自己找错了人。有一次，天降暴雨，水流成河，她所在的公司地势低洼，被水淹了半层。男友看到天气变化，给她打了个电话："带伞了吗？没事吧？"她说："带了，没事。"男友就把电话挂了。其实，她心里想的是，男友再多问候几句，最好能主动提出来接她。结果，当她走到楼下，看着女同事们都有男朋友或老公来接，一个个爬在男友或老公的背上，被背着过了"河"，而自己只能卷起裤腿，深一脚浅一脚趟水而过，心里苦恼万分。

其实，红色性格只需要告诉黄色性格，自己需要他来接，问题就解决了，但有时，偏偏红色性格就很难做到这一点，因为她觉得"如果你爱我，即使我不让你来接，你也会来接的"，但这个想法对于黄色性格而言，完全不成立，黄色性格会觉得"因为我爱你，你需要的东西我都会尽力给到你，但你不告诉我你需要，我怎么给你呢？"

8.给予他足够的知情权和选择权

在情感关系中，黄色性格不喜欢自以为是的人，尤其不能接受不告诉他、不和他商量就擅自做决定。涉及对关系中的双方都有影响的事情，必须要给黄色性格充分的尊重，让他提前知道并参与提意见。当两人都是黄色性格的时候，这种冲突，更容易出现。

　　我的一对朋友都是黄色性格，读大学时认识并相恋，一毕业就结婚，然后各自找了份很有前途的工作。男的在一家 500 强外企做经理，女的进了投行。婚后两人都忙于工作，倒也合拍。工作几年后，男的遇到一个很好的机会，调去日本负责那边的分公司，当领导问他去不去的时候，他毫不犹豫地说了"去"。回家以后，他把这事告诉了老婆，老婆当场跳了起来。

　　黄色性格老婆最介意的，不是他要去国外工作，而是当他在做出这个对家庭有重大影响的决定之前，他并没有和她商量。在她看来，这个男人到底还把不把自己当老婆看，这样自说自话地就决定了，是一个男人毫无家庭责任感的体现。虽然黄色性格老公力陈去日本工作对家庭的好处，并且保证了以后三年之内一定会回来，绝对不会影响两人的感情，但还是无法说服黄色性格的老婆。最后，两人不欢而散，各自分房去睡。过了半个月，黄色性格老公收拾箱子上了去日本的飞机，老婆也没来送他。从此以后，这个婚姻名存实亡。

以上八条秘籍是应对黄色性格伴侣的沟通方法，其实从这些案例可以看出，如果我们用对了方法，和黄色性格的伴侣相处就会顺畅且舒心，如果用错了方法，或者没有关注到他的性格特点，则很可能分崩离析。

04.
和绿色性格伴侣的相处秘诀

如果你的恋人是绿色性格，恭喜你，他会给你无条件的包容，毋需你做出任何改变，就能与他轻松相处，但是，别高兴得太早，若你对他有什么期待，也很容易"竹篮打水一场空"。在所有性格中，最难改变的就是绿色性格，因为他们骨子里面满足于现状，喜欢稳定，是最不愿意变化的性格。换句话讲，你想激励绿色性格，那也是相当地艰难，你不看这本书，也许这辈子也找不到。如何与绿色性格伴侣相处，乐嘉性格色彩学为你总结了八条秘籍：

❶ 替他出谋划策

❷ 主动安排约会进程

❸ 引导他成为更好的自己

❹ 让他参与到你的生活中来

❺ 放慢沟通的节奏

❻ 不要过多要求他表达情感

❼ 让他意识到你很需要他

❽ 包容他"很难改变"这个事实

1. 替他出谋划策

红色性格、蓝色性格和黄色性格这三种性格的人，一旦遇到问题，都会有自己的想法和主见。其中，黄色性格最为坚定明确，不需外人意见，自己做主；红色性格，最容易受外人影响，会随风飘曳，摇摆不定；蓝色性格，在自己最终决定前，也愿意集思广益，多听意见，深思熟虑。只有绿色是最需要别人来为他拿主意的，盖因他们自己没啥想法，无甚主见，遇到困难的第一反应就是——等，这时，若没有伴侣的助力，万万不行。

《射雕英雄传》的核心是讲述出生于草原的绿色性格的郭靖如何成为一代大侠的故事。可以说，如果没有黄蓉这个贤内助，郭靖绝不可能成为天下第一高手。两人因为机缘巧合遇到洪七公，彼时，郭靖武功很差，看着洪七公这个武林高手也想不到请他教自己，而黄蓉给洪七公做好吃的，说好听的，变着法儿哄着洪七公，郭靖只是呆呆站在一边，全靠黄蓉再三提醒，才知要拜洪七公为师。也正是从成为洪七公的弟子，学会降龙十八掌之后，郭靖才逐渐摆脱了处处受欺负的窘境，成为不仅自保还可救人的侠者。

2. 主动安排约会进程

严格说来，这不能算是一个招数，而是很简单的一个动作。正常情况下，一个人只要喜欢对方，不需人教，也会主动规划传统约会的项目——看个电影，吃个饭，旅个游……只是，假如你面对的是一个绿色性格，前方请注意，千万莫等他主动来约你，不管绿色性格再怎么喜欢你，让绿色性格主动，怕是你等到天荒地老，等到母猪上树，亦毫无踪影。莫要因为他不主动，而怀疑他不在乎你，苍天呐，你要明白，这一切都是性格使然。只要你主动发起约会，把一切都安排好，创造更多和他单独相处的机会，他不仅不会抗拒，更有可能和你日久生情，因为绿色性格对人和对事的情感，百分之百建立在熟悉的基础上。越熟悉，越习惯；越熟悉，越自然；越熟悉，越有情。

　　一个学员告诉我，他在学习性格色彩前就喜欢上了单位里的一个同事。女孩漂亮、文静、低调。当他尝试向女孩表白时，女孩模棱两可，没明确拒绝，也没明确接受，让他无比困惑，不知女孩心里怎么想。他担心女孩不喜欢自己，所以，就暂停了前进的脚步。学习性格色彩卡牌师课程后，他成了"性格色彩中级卡牌师"，用卡牌给女孩做了读心，并结合他自己的分析，发现女孩其实是绿色性格。这下，他彻底顿悟了女孩之前的态度，并采用了课堂上学到的"钻石法则"来追求女孩。

　　此后，每天早上，他给女孩买早点，并悄悄放在她桌上；每天中午，大家一起吃饭时，他会坐在女孩旁边，不经意地帮女孩倒水；每天下班时，陪女孩走段路，和她聊些轻松的闲话，让女孩没有任何压力地习惯他的存在。过了段时间，女孩面对他时，很亲近很熟悉，遇到问题自然而然地向他求助，这时，他再单独约会女孩，一切水到渠成。在循序渐进的推进下，恋情就按照他的规划发展了下去，直到步入婚姻的殿堂。

看到了吧，这就是和绿色性格恋爱的方式，温水煮青蛙的妙用。如果你把一只青蛙直接扔进一锅开水里，青蛙必然烫得直接蹿出，可你把它放到一锅凉水里，慢慢煮热，逐渐升温，等到它觉得烫的时候，已经跑不了了。

🔑 3. 引导他成为更好的自己

每个人都希望成为更好的自己。四种性格中，绿色性格对新事物的适应速度比较慢，提升自己的动力较弱，他们满足现状，享受无欲无求的状态。如果你的伴侣是绿色性格，而你希望你俩日子越过越好，而非永远原地踏步，须知，绿色性格和黄色性格相反，他们很乐于接受你的引导，只要不让他们承担过大的压力，他们很愿意在你的指引和推动下前进，而你自己也要注意，不要操之过急，要对绿色性格有信心，并且时常予以鼓励。

一个学员告诉我，在没学性格色彩之前，她对绿色性格男友很绝望。两人生活在一起几年了，因为她平时工作很忙，常加班加点，男友在事业单位，不用加班，她非常希望回家后，男友能把饭菜做好，让她吃上一口热饭。男友也不是不会做饭，但就是不做，宁可饿着肚子，等她下班回来后给她打下手，由她来掌勺。她曾多次跟男友说："你不要等我，你先做饭先吃，看我快到家时，把饭菜热一热就行了。不然，你吃饭太晚了会饿的。"但男友总是说："我不知道该做什么，而且我也做不好，还是等你回来再做吧，我不饿。"她每每听到男友的回答，都是心内高呼，苍天呐，小女子的命好苦，天下怎有如此懒的男人。

直到学完性格色彩，她才知道男友这不叫懒，而是绿色性格的被动。于是，她用性格色彩卡牌师课上学到的"钻石法则"影响男友，获得了成功。她先是在自己掌勺时，让男友来炒一个菜，因为有她在旁边看着，男友心里有底，就炒了一个。炒好后，她尝了尝，说："好吃好吃真好吃。"男友也高兴。接下来，连续几天，她都让男友炒那个菜，说自己特想吃。男友在她的鼓励下，炒了几次，越炒越娴熟。然后，她再用同样的方法，引导男友学会炒另外几个菜。这样，男友就有了一套荤素搭配的拿手菜。

后来，她在公司加班时，就给男友发个指令："亲爱的，我大约八点半到家。我想吃你炒的豆角茄子、青椒肉丝和番茄炒蛋。"男友收到指令后立即去做。当然，如果她想吃男友不会做的菜，还是会自己回家做，但这样一来，至少她不用每天回家做菜，省了不少力气。又过了段时间，她对男友说："亲爱的，我想吃三杯鸡和啤酒鸭，我们一起看菜谱学着做吧。"于是，带着男友一起学了几个新菜。等到男友新菜也上手了，她就真正过上了舒服享受的日子，想吃什么，只要把网上的菜谱发给男友，男友就按照既定的模式去学着做了。当然，每次吃到男友做的菜，她一定会予以鼓励，让男友看到她是多么喜欢和需要他做的菜。

🔑 4. 让他参与到你的生活中来

绿色性格在团队和组织中容易成为被动待命的那个人，如果长期被忽视，他可能会自动边缘化，而不积极争取靠近核心的位置。在家庭中，也是一样，如果另一半太能干，完全不需要绿色性格，他就可能会以一种无可无不可的姿态，成为家庭生活的旁观者。一旦绿色性格成为了旁观者，夫妻之间的情感自然会慢慢疏远，而这种隐患，是绿色性格自己无法意识到的，需要伴侣及时发觉和预先防范。

一位性格色彩卡牌师告诉我，她曾给一对夫妻做过咨询，妻子是黄色性格，丈夫是绿色性格。因为妻子非常独立、能干，不单工作出色，家庭事务也是一把抓，但凡大事小事的决策都是妻子说了算，久而久之，丈夫就边缘化了。从新婚开始，装修房子什么风格，老婆说了算；婚后，两人存款全由老婆来管，买什么理财产品，老婆说了算；每逢节假日，全家人去哪儿度假，老婆说了算；孩子上哪所幼儿园，老婆说了算；等孩子要上学了，老婆出去逛了个街，就把一套学区房的首付给付了。老婆一直忽略老公的意见，平时也没太多交流，直到有一天，闺密打电话给这个老婆："我看见你老公和另一个女人在街上手拉手。"老婆的第一反应是："不可能！你肯定看错了！"把闺密顶了回去。但回心一想，此事可疑，于是暗中调查，发现丈夫确实出轨了，而且是被动出轨，外面那个女人是丈夫工作中认识的合作伙伴，热烈追求丈夫，把他给拉了过去。

其实，这位妻子来找性格色彩卡牌师，是想调整两人间的关系，让丈夫和外面的女人断掉。在卡牌师的帮助下，妻子没去谴责丈夫，也没给丈夫施压，而是更加关心丈夫，之前所有她独断专行的家庭事务，现在都邀请丈夫来参与，即便丈夫提不出任何意见，她也会拉着丈夫一起来做些事，并且只要丈夫为家庭做了件很小的事，她都会予以鼓励和感谢。慢慢地，丈夫也会告诉妻子，自己在工作中遇到了些怎样的麻烦，妻子也越来越多地参与到丈夫的世界中。后来有一次，夫妻俩在一起，外面的女人连续不断地打电话给丈夫，丈夫都没有接，但那个女人还是不停地打，丈夫不知该怎么办，这时妻子果断地接起电话，优雅地问："你好，我是某某的妻子，请问你找他有什么事？"对方挂断了电话，没再打来。从那以后，丈夫与外面女人的联系越来越少，最终断了往来。

🔑 5. 放慢沟通的节奏

在家庭中，绿色性格乐意配合另一半，甘当配角，并且不会陷入对家庭事务话语权的争夺，这些都有助于家庭的和睦。只是伴侣通常会觉得绿色性格反应很慢，跟不上自己的节奏，因此在家庭事务的协作中感到苦恼。红色性格和黄色性格如果与绿色性格做伴侣，将会在这点上更烦恼，因为他们是外向型的，反应和速度偏快，对比之下，会更加凸显绿色性格的缓慢。解决的办法是，可有适当的分工，由绿色性格去做不需要特别着急的事情，但如果你想更好地与绿色性格沟通事情，需要记住"欲速则不达"。

　　我朋友的双亲是红+黄性格的老妈和绿色性格的老爸，两人平时各自忙工作，相安无事，退休后，却冲突不断。老妈说话又快又急，老爸一旦没马上反应过来，老妈的声调就会高八度，重复两遍后，要是老爸还没理解，老妈就会气得跳脚。比方说，老妈在阳台上洗菜，准备做饭，老爸在客厅看电视。老妈说："拿个盆！"老爸说："什么？"老妈加重了语气："把盆拿过来！我要装菜！"老爸说："哪个盆？"老妈快急死了："快点呀！快去！就那个装菜的盆，难道你不知道吗？"老爸慢慢走到厨房，橱柜门打开，对着一摞盆发呆，不知该拿哪个，但看老妈这么凶，又不敢多问。老妈等了一秒钟，见老爸还没有动静，气得骂道："连个盆都拿不过来，要你有什么用！"气呼呼地跑过来，推开老爸，把自己想要的那个盆一拿，其余的盆稀里哗啦倒了一地，她也不管，气呼呼地跑回阳台去了。

　　类似的事每天都在发生，朋友和老爸老妈坐下来聊这个问题，老爸一言不发，老妈数落了一堆老爸的不是，越说越生气。朋友学过性格色彩，所以她告诉老妈，对绿色性格的老爸来说，你说话声音太大，语速太快，他接收起来困难，反应反会更慢。老妈一开始觉得难以理解，但一边的老爸连连点头，表示同意，最终，老妈也理解了老爸的性格就是这样的。朋友给老爸老妈一个建议，以后每次在做饭前，先说好一家人分别负责什么，比如朋友负责把菜买回来，老爸负责洗菜切菜，老妈掌勺，事先清楚地告诉老爸，需要他做什么，让他可以按步就班地去做，并且老妈以后在和老爸沟通时，注意把语速放慢，一步步地和他说，比如："老头子，厨房橱柜最上面一格有个红色的盆，你帮我拿过来。"当老妈调整了以后，老爸办事速度也变得快了很多，家庭气氛自然就和谐了。

🔑 6. 不要过多要求他表达情感

　　绿色性格最重要的特点就是情绪平稳，不以物喜，不以己悲，天生情感不丰富。故此，绿色性格随和且听话，但如果你非要他天天说"我爱你"，只怕他脖子憋得肿胀，也根本说不出你要的那种感觉，反而让你很不舒服。面对绿色性格的伴侣，我们需要理解他的性格，接纳他原来的样子。如果你自身是个情感需求特别强的人，可以主动对绿色性格表达爱意，但不必强迫他一定要和你一样热情回应。

　　一对夫妻来到性格色彩课堂，老公是绿色性格，老婆是红色性格。红色性格的老婆原本开朗活泼，善于社交，热爱自己的工作，也有很多朋友，每天除了上下班以外，总是跟朋友聚在一起，绿色性格的老公乖乖待在家里，也很自在惬意。生孩子后，老婆在家里待了几个月，感到很无聊，每天看着窗外的风景而自己无法跑出去，心情就变得郁闷了，有了产后抑郁的征兆，开始胡思乱想，心情起伏不定。每次老公回家，一进家门，还没来得及喘口气，老婆就问他："你今天想我了吗？"老公说："嗯。"老婆说："回答得这么不情愿！肯定是假的！"老公很莫名："啊？没有啊。"老婆说："那你到底爱不爱我？"老公说："爱啊。"老婆说："你说爱我的时候，都没有看着我的眼睛，肯定是骗我的！"老公被老婆这样折腾了一番，实在回答不上来，便不再说话。但老公越是不出声音，老婆的情绪就越是激动，一晚上没完没了。学习性格色彩后，老婆意识到老公的性格本就如此，并不代表他不爱她，在课堂上，老师也给了他们机会，让他们对彼此说出自己的想法，老公用朴实的话语对老婆说："老婆，我想和你好好过日子。"老婆瞬间泪流满面。回去后，老婆不再要求老公天天对她示爱，而老公也会不时地认可老婆，两人情感重归初恋时的甜蜜美好。

7. 让他意识到你很需要他

由于天性中对他人感受的关注，绿色性格很容易迁就或容让他人。因为绿色习惯了"被动社交"，所以追求绿色性格需要主动，但在绿色还没有喜欢你之前，如果你总是过多地为绿色付出，绿色性格可能会担心无法回报而有所回避，所以在适当的时候，要尽量多发出一些"我需要你来关心我"这样的讯号。在情感萌芽初期及遇到分歧矛盾时，让绿色性格知道你很需要他，没有他的帮助就会很难过，这是影响绿色性格的一大超级法宝。有时这招对红色性格也有效，只是红色性格的心情时常波动，这招有时有用，有时没用，当红色性格对你有情绪时，你越求他，他越逆反；不像绿色性格，这招对他无论何时何地，总是有效的。

一位色友分享给我他"追求"绿色老婆成功的案例，其实回头一看，可以说是"无心插柳柳成荫"。当年他在大学里有一个相恋三年后分手的女友，因为女友劈腿，分手很突然，对他来说犹如晴天霹雳一般，他的情绪一下子崩溃了。分手信是女友委托同寝室的绿色女生转交给他的。这位绿色女生后来就成了他的老婆。

他接到分手信以后当场拆开读了，整个人就不行了。绿色看他情绪异常，就陪着他坐了一会儿。他向绿色倾诉了自己的痛苦，绿色表示同情。他说自己太难过了，要一个人走走，绿色看他的样子实在吓人，就给他留了手机号，告诉他有事情可以打给她，然后才走。

这次以后，他每当实在抑制不住痛苦的时候就给绿色打电话，绿色超级耐心地倾听，让他的心情暂时得到了舒缓。

又过了一阵，他听说前女友和另外那个男生如胶似漆，在校园里出双入对，丝毫不避忌旁人，本已缓和的心境又受到了刺激，一个人去超市买东西时，恍惚间拿了一把80元的雨伞放进自己包里，没有付钱就走出来，到门口时铃声大作，超市管理员把他当小偷抓了，要求他"偷一赔十"，赔800元。他钱包里的钱不够，又不愿意打电话给同寝室的朋友，怕他们笑话他一个大男人为了失恋把自己搞成这样，太丢脸，想来想去，只有宽容平和的绿色可以信赖，所以打给了绿色。

绿色带着钱来救了他。此事之后，他对绿色充满了感激，约绿色吃饭表示感谢。就这样两人的关系越走越近，成了男女朋友。两人关系确定以后，他问绿色，为什么会喜欢他，绿色说，最初就只是觉得他挺不容易的，而且觉得如果自己不帮他就没有其他人可以帮他了，所以才一步一步走到最后。

8.包容他"很难改变"这个事实

在四种性格中，绿色性格配合度最高，但遗憾的是，绿色性格表面上什么都可以变，但在意识和观念上要想改变绿色性格，真是难于上青天。因为绿色性格的无欲无求，会让他们对外界的变化视而不见，即便他们身边的每个人都有了很大的成长，绿色性格的内心还是会觉得：现在这样的我就很好，差不多就行了。作为绿色性格的工作伙伴，只要用适合他的方式给他分配任务和引导他成长，绿色性格也能成为能力卓越的职业人。但作为绿色性格的伴侣，必须要接纳包容一个事实就是——绿色性格很难在深层有所改变。

一位黄色性格的朋友来访，说起夫妻关系，他叹了口气。他老婆是绿色性格，平和温顺，从不与他发生冲突。家里家外，大事小事，都跟着他的指挥棒转动，他说去哪儿她就跟着去哪儿。他唯一不满的是，老婆是个"没追求"的人。一次，儿子嚷嚷着要去距离家里比较远的高级餐厅吃饭，老婆说："吃啥不都一样，没必要上那儿去。"而他的做法是，立刻带儿子去了那家高级餐厅，点最贵最好的菜。菜上桌以后，不让儿子吃，告诉儿子说："你将来只有像老爸一样，赚这么多钱，才能吃到这些好东西。如果你不努力，将来就只能吃家门口那些最便宜的东西。"教育完了以后，再让儿子开吃。

最近他出了趟差，刚回到家，发现家里多了一件摆设，仔细一看，是假水晶，他问老婆，老婆说："朋友推荐我买的，艺术品，我知道是假的，反正不贵，才几百块钱，摆在家里还不错。"他心想，你也太没追求了，于是抓住这个水晶摆件就扔进了垃圾堆。他告诉老婆："家里摆这些廉价的东西，会影响孩子的审美观，东西贵没有关系，只要值得就要买最好的。只有花钱买好东西，才更有动力赚钱。"可惜的是，他自认为金科玉律的话跟老婆说了几十年，老婆也没有改变，只是不在他面前买便宜东西了而已，自己穿的用的还是很随便。

后来一位性格色彩卡牌师给他做了夫妻关系的牌阵。他发现自己性格中一点绿色性格也没有，而老婆有很多绿色性格。卡牌师用了两个性格色彩牌阵的反转图片自动显示告诉他，你有很多黄色性格的优势，但你们家庭中也不能没有你老婆的绿色性格。他瞬间顿悟："是！如果我老婆是另外一种性格，不这么包容我，我们早就分了。"过了几天后，我问他感觉如何，他说释然了以后，与老婆相处，能更多看到老婆的优点，自己也轻松了不少。

以上八条，是对绿色性格在情感中"钻石法则"的一部分，绿色性格看起来无可无不可，但真正要搞定绿色性格，幸福相处一辈子，也不是一件容易的事。性格色彩学的"钻石法则"是我以心血凝聚建构而成的一个法宝，在"性格色彩卡牌师"课堂，这个法宝作为卡牌师必备的技能，融入了学习者的血液，为之所用，帮助他们创造了最大的价值和人生力量，它已变成可终身伴随他们的一个宝贝。

尾声

爱情中只有真爱，没用

如果你此刻意犹未尽，很想和我交流，我很高兴，对我来讲，这说明这本书没白写，对你来讲，说明你跟这本书有共鸣，它对你有用。如果我写的东西对你可以长久有用，并且，当你阅读后真正变成你随时翻阅的宝贝，是我所愿，亦是我所求。

用一句话总结本书，我会再次强调——"两人之间的爱情，光有真爱是没用的，不仅要有爱的心，还要有爱的方法。"这话我说了很多年，但依旧要老生常谈，因为很多貌似懂这个道理的人，置身其中，依旧跌跤。是的，我此刻说的是两个人的"爱情"，不是两个人的"婚姻"。婚姻，大家早已达成共识，都明白没有面包无法生活。可婚姻和爱情是两回事，"爱情"最重要的就是真爱了吧，有爱克服一切艰难险阻。对不起，现在，我说得明明白白、千真万确，我说的就是"爱情"，我说的是——爱情若想长久，你俩光有真爱，没用。

很多人不相信。

通常，人们一看到"方法"二字，一听本书中提到性格色彩学的"钻石法则"，第一反应就是：

"爱情还要用技巧吗？动心机累不累啊，两个人在一起，本来就应该轻松一点，如果两个人在一起，都不能随意做真实的自己，那还有什么意思？"

"他爱我，他就应该接纳全部的我。我改了就不是我了。"

"原来你教的就是怎样耍心术啊，真爱无敌，有爱情就有一切。两个人只要是真爱，天下就没有什么克服不了的难题。"

"我这种又懒又喜欢跟着感觉走的笨人，就算学会了这七七四十九招，也不一定用得出来，就算用了，还是觉得用小心机换来的都不是真爱情。"

这些偷换概念的朋友，也许是他们混淆了"真实的自己"和"美好的自己"的概念；也许是他们看多了琼瑶和玛丽苏，总想让世上其他人都来迁就她；也许是"少年不知愁滋味"，不知道这个世上有多少人和爱人分手之时，爱得是那样深入骨髓，痛彻心扉，爱得那么真，爱得那么投入，爱得那么无我，爱得那么挖心掏肺，可最后，还是分了。他们从来不思考最终分道扬镳的原因，他们从来不愿意也不敢检讨自己身上的问题，他们不明白他们只是一厢情愿地用自己喜欢的方式去爱别人，会把人爱跑的；他们非常认真地发下毒誓，"吾为爱情生，吾为爱情死，君若对我有爱，吾必以死作陪"，孰不知，人家没打算和他一起死。更麻烦的是，他们总想试图逆转人性的规律，谁都知道，爱情本身产生的激情是短暂的，若想长久，两人之间的相处无比重要，别说鹣鲽情深了，就算琴瑟和鸣，也起码得彼此合拍吧，总不合拍，天天不爽，怎么长久相处？男友和我做他喜欢做的事，我不喜欢，怎么办？

你现在已经看完了本书，这个道理我俩已经达成共识，你要好好告诉周围那些在痛苦中稀里糊涂的朋友，不懂点性格，会出人命的。

早前我网上做调查时，有些朋友因为从没看过我的书，又是第一次接触性格色彩，听说我出了本恋爱百科全书，就蹦出来无数问题，比方说：我能改变我的男朋友吗？怎样让男生变得温柔一点？怎样让不爱你的人爱上你？为什么他理解的我和真正的我差别这么大？女朋友总喜欢批评我怎么办？如果和对方不合要调整自己吗？如何和很情绪化的男友相处？爱情中没有自我，我该怎样学会爱自己？怎样克制失恋后的不甘心？怎样摆脱他人的追求？父母不喜欢恋人怎么办？要不要和现任分手？为何恋爱后期没开始对我那么好？……

这些问题，本质上全是性格的问题，是的，再说一遍，这些的的确确都是性格的问题！想想吧，这些问题，要么是你爱的那个人的性格问题，要么是你自己的性格问题，要么是你怎样影响你爱的那个人的性格，要么就是你怎样改变你自己的性格。

假设你读完本书，解决了很多问题，但产生出来另外一些新的疑惑，恭喜你，你在探索性格的道路上跨进了一大步。有如下建议可以给你：

- 如果你此刻刚好有你的爱人，请和他／她一起看这本书，边看边交流，或者你看完，再给他／她看。两人都懂，有了共同语言，交流起来如一阵风拂面而过，顺畅。

- 赶紧去找我过去的那本《写给单身的你》，关注 2019 年将出版的《写给婚姻的你》，这三本合在一起，组成性格色彩情感三部曲。你边看边在旁边标注笔记，这宝贝留下来，搬家时别扔，以后老了看自己一路上的爱情。回忆一下，好美。

- 请关注"乐嘉"微信公众号，在菜单中点击《性格色彩读心术》和《性格色彩婚恋宝典》微课，即可线上收听自学。

- 用《三分钟看透人心——性格色彩卡牌秘籍》中赠送的卡牌，给你自己和身边所有的人玩卡牌测试，然后，你马上就会找到为什么你生活中会有那么多的为什么了。而且，我希望你顺便也可以成为一名性格色彩卡牌师，和我一样，可以帮助世上更多的人解决他们的困惑，举手之劳，助人助己。

● 安排自己参加性格色彩线下课程，在公众号上有全国课程的安排，我期待着和你面对面的交流。如果我们暂时见不到，我多么希望听到你读完本书的收获和感受，期待着你能邮件给我分享你的故事（lejiafpa@126.com）。

感谢乌小鱼的漫画，先前我有两本《小乐子的小智慧》就是她画的，爱煞我也，这本书又请她执笔，禅意之外，不失可爱，男女老少都能接受，正合我意。

感谢所有本书中分享心得和故事的朋友，因为你的分享，让更多人脱离苦海，善莫大焉。